U0157290

神奇的数字零

［美］查尔斯·塞弗（Charles Seife） 著

杨立汝 译

海南出版社
·海口·

Zero

All rights reserved including the right of reproduction in whole or in part in any form.
This edition published by arrangement with Viking, an imprint of Penguin Publishing
Group, a division of Penguin Random House LLC.

版权合同登记号：图字：30-2023-089 号

图书在版编目（CIP）数据

神奇的数字零 /（美）查尔斯·塞弗
(Charles Seife) 著；杨立汝译 . -- 海口：海南出版
社，2024.5
　　书名原文：Zero：The Biography of a Dangerous
Idea
　　ISBN 978-7-5730-1508-2

　　Ⅰ.①神… Ⅱ.①查… ②杨… Ⅲ.①数字 – 普及读
物 Ⅳ.① O1-49

中国国家版本馆 CIP 数据核字 (2024) 第 008827 号

神奇的数字零
SHENQI DE SHUZI LING

作　　者：［美］查尔斯·塞弗（Charles Seife）
译　　者：杨立汝
策划编辑：李继勇
责任编辑：崔子荃
封面设计：海　凝
责任印制：杨　程
印刷装订：北京兰星球彩色印刷有限公司
读者服务：唐雪飞
出版发行：海南出版社
总社地址：海口市金盘开发区建设三横路 2 号
邮　　编：570216
北京地址：北京市朝阳区黄厂路 3 号院 7 号楼 101 室
电　　话：0898-66830929　010-87336670
电子邮箱：hnbook@263.net
经　　销：全国新华书店
版　　次：2024 年 5 月第 1 版
印　　次：2024 年 5 月第 1 次印刷
开　　本：787 mm×1 092 mm　1/16
印　　张：15.75
字　　数：195 千字
书　　号：ISBN 978-7-5730-1508-2
定　　价：58.00 元

【版权所有，请勿翻印、转载，违者必究】
如有缺页、破损、倒装等印装质量问题，请寄回本社更换。

书　评

"与常人认知不同的是，其实，作家中笔法最为明晰的往往是数学家（伯特兰·罗素荣获的是诺贝尔文学奖，而非数学奖），塞弗便是一个典例。他书写描摹人类的恐惧、天才的谬误和思维的天马行空，轻描淡写，却透着诱人的魔力。"

——《亚特兰大宪法报》

"在人类的编年史中，0是一个令人望而却步的难解之谜。塞弗以节制的笔墨，驱策着读者通过数字0向无垠空虚的深渊及无限广阔的空间投以凝视与瞭望……塞弗梳理了关于0的历史争论，旋即又将目光投往当下，奋不顾身地跳进黑洞的贪婪大口，进入越发冰冷的宇宙去探寻奥秘。对于足不出户的物理学家而言，这绝对是一册必读图书。"

——《书单杂志》（星级书评）

"（本书）叙述流畅，在历史哲学与科学技术间转换自如，能够将各个复杂概念一一阐明。"

——《达拉斯晨报》

"塞弗以轻松的语调来探讨这一深奥的话题。掩卷时，应该没有读者会质疑塞弗的这个观点：0是人类构想的各类概念中最为奇妙的一个，因此也是最为危险的一个……塞弗为那些在数学和科学课堂上挣扎的人们提供了一扇窗口，让他们可以一窥微积分的强大与现代物理学中的一大难解课题……这册小书极富趣味，引人深思，揭示了人类洞察力与深层不确定性的其中一个因由所在。"

——《出版人周刊》（星级书评）

"对于塞弗笔下复杂的概念关系网，即使是不懂数学的人也能清楚领会。"

——《波士顿环球报》

"此书以精妙的技巧与智慧，讲述了一个引人入胜的人类故事……我们开始学会欣赏一些'简单'概念（比如0和无穷大）中蕴含的深度与丰富内涵，还有它们与宗教、早期文明及当今科学的紧密联系。"

——《费城问询报》

"作为一个技巧娴熟的科学记者，塞弗选择以抽离之姿将那些复杂概念一一阐明……（书中）简练的解析说明令人耳目一新……而且通俗明了。"

——《纽约时报》

"塞弗拥有榨干现代理论的能力……叙述十分明晰，读来犹如常识科普。"

——《沙龙》

CONTENTS
目 录

第 0 章

ZERO: THE BIOGRAPHY OF A DANGEROUS IDEA

无 效

0，犹如一颗鱼雷，径直击中"约克城号"巡洋舰。

1997 年 9 月 21 日，这艘造价高达十亿美元的导弹巡洋舰正准备驶离弗吉尼亚海岸进行巡航任务，却突然在一阵剧烈震动之后停滞不前了。"约克城号"巡洋舰在海水里死火了。

战舰的设计是为了抵挡鱼雷袭击和水雷爆炸，纵使武器装备齐整，却也无人想过需要保卫"约克城号"不受 0 的伤害。这实在是一个严重的失误。

当时，"约克城号"上的计算机群刚刚启用了新版的引擎控制软件，不幸的是，当时无人觉察到那颗隐匿在代码中的定时炸弹——一个工程师在启动软件时本应移除的 0。不管原因是什么，总之，这个 0 就这样被人忽视了，就此潜隐在代码海洋之中，直到软件将它读入内存，而后战舰停摆。

在"约克城号"上的计算机系统想要做除以 0 的计算时，舰船上八万马力的引擎瞬间熄火，工作人员花了将近三个小时才将紧急操作系统与引擎重新连接完毕，"约克城号"这才得以艰难地驶回港口。工程师们又用了足足两天时间移除那个 0，并修整引擎，令"约克城号"重回战备状态。

除了 0，其他数字没有一个能够造成如此严重的损害，引发类似"约克城号"事件这样的计算机故障只不过是 0 的威力的一个微小体现。

在它的强势影响下，各大文明如临大敌，哲学体系分崩离析，只因 0 是如此与众不同。它为我们提供了一个窗口，让我们得以一窥那些难以言喻且没有极限的存在。这便是人类恐惧 0、憎恶 0，甚至不惜将其定为非法的缘由了。

这是一个关于 0 的故事，叙述它在古时的诞生和在东方的蓬勃发展，描绘它在欧洲力求认同的斗争，介绍它在西方的优势支配地位，以及阐明它对近现代物理学的一贯威胁。此书也是一个关于人的故事，讲述那些试图了解 0 的人——包括学者、神秘主义者、科学家、牧师等——是如何就这个诡秘数字的意义展开辩论和斗争的。此书还是一个关于西方世界对于一个东方概念的无谓（有时还很极端）抵抗的故事。0 这个数字看似天真无害，却有本事叫这世上最聪慧的智者紧张惊慌，威胁着要令当今科学界的整个思维架构土崩瓦解，而这本书便是这个数字引发的一部悖论史。

0 威力强大，因为它是无限的双生子。它们是平等而对立的两极，就像阴与阳一般，带有自相矛盾的特质，令人困扰。科学和宗教探讨的最宏大的课题都与虚无和永恒、0 和无限有关。关于 0 的争论与分歧往往会动摇哲学、科学、数学以及宗教等各个体系的根基。每一次革命的背后都潜藏着 0 和无限的身影。

0 是东西方思想辩论的核心，是宗教与科学斗争的焦点，是大自然的语言，是数学世界中最重要的工具，而且物理学中最深奥的课题——黑洞的黑暗核心与大爆炸的粲然闪光——便是旨在击败 0 这个数字。

然而，纵观历史，尽管受尽排斥，屡次遭到流放，但 0 总是能够击败那些与它对抗的人。人类永远无法强迫 0 来适应人类的哲学体系；相反，恰恰是 0 塑造了人类看待宇宙与神明的方式。

第 1 章

ZERO: THE BIOGRAPHY OF A DANGEROUS IDEA

无所作为

0 的 起 源

> 既非虚无，亦非存在；既不是在空间的疆域之
> 内，亦不是在天际之外。是何物在何处搅动乾坤？
>
> ——《梨俱吠陀》

0 的故事由来已久，源远流长，其发端可以回溯到数千年前，那时数学方才萌芽，文明社会尚未正式建立，人类也还没学会阅读与书写。今天的我们似乎天生便能够自然地接受 0 这个概念，但对于古人来说，它是一个异类，甚至是一个让人恐惧的存在。0 这一东方概念起源于新月沃地（位于今伊拉克境内），在耶稣降世之前的几个世纪业已诞生。它唤起了人们对于原始虚空的想象，它的身上更是具有一种危险的数学特质——拥有能够摧毁逻辑框架的威力。

数学思想的源头牵系在人们对数清羊群、追踪财产及记录时间的欲望和需求上，但完成这些任务往往不需要 0。在 0 出现之前的千年时光里，人类文明运转自如。0 确实令人憎恶，因此，有些文明决定将它弃诸脑后。

没有 0 的生活

> 关于 0，其中很关键的一点是：日常生活的运转
> 其实并不需要它，比如，没有人会上街购买 0 条鱼。
> 从某种程度上说，它是最具文明的表现，只有在塑造
> 与培养思想时，其使用才会成为必然。
> ——阿尔弗雷德·诺斯·怀特海德

作为现代人，我们很难想象没有 0 的生活会是何种光景，也许会像没有了数字 7 或者 31 一样举步维艰。不过，历史上的确有一段时期人们的生活中是没有 0 的。彼时尚未有文字载史，所以古生物学家们只能从一块块石头与骨骼中拼凑出关于数学起源的故事。研究人员从这些碎片遗痕中发现，石器时代的数学家要比现代数学家更为结实强壮，因为他们竟将狼骨当作了黑板。

20 世纪 30 年代后期，考古学家卡尔·亚伯索隆在捷克斯洛伐克的泥土中发现了一块距今已有三万年历史的狼骨，其上凿刻着一系列圆形凹口，这是一个关键线索，可以让人一窥石器时代的数学特征。我们已经无法知晓这位被科学家命名为高格的穴居人究竟是用这块骨头来记录什么事物的数量，是他杀过的鹿、画过的画，抑或是没有洗澡的日子，但至少我们可以从中获得一个清晰的信息，那就是早期人类确实在计数。

狼骨相当于石器时代的超级计算机。高格的祖先甚至都难以数到 2，

因此他们肯定也不需要 0。在数学萌芽的起步阶段，人们似乎只能区分"1"和"许多"，比如，拥有一个矛头或许多矛头，吃了一只碾碎的蜥蜴或是许多蜥蜴，他们无力表达除了"1"和"许多"之外的其他数量。随着时间的洪流向前奔涌，原始人的语言慢慢发展到能够区分"1""2"和"许多"，最后能够辨别"1""2""3"和"许多"，但对于更大的数字他们依旧无能为力。一些语言至今仍存在类似的缺陷，例如在玻利维亚的西里奥印第安人和巴西的雅诺马马人这两个部落的语言中，没有任何词语可用来指称大于"3"的数量，只有"许多"或"大量"这类字眼。

数字可通过叠加而得到一个新的数字，由于这一特性，计数系统绝不会只停留在数字"3"。所以在此之后，聪明的部落成员们开始使用数字串来表示更大的数字，巴西巴喀依瑞和博罗罗部落如今仍在使用的语言完整地展示了这个过程，他们的计数系统是这样的："1""2""2 加1""2 加2""2 加2 加1"，并以此类推。他们以"2"为单位进行计算，现代数学家称之为"二进制"。

像巴喀依瑞和博罗罗人一样以二进制进行计算的人其实少之又少，那块古老狼骨才是古代计数系统的典型代表。高格的狼骨上共有 55 个小凹口，5 个编为一组；在前 25 个凹口刻痕记号之后有一个次级凹口。看起来高格很有可能是以数量 5 为一组进行计数，然后又再以 5 为单位记录组别的数量。这样的方式很合乎情理，以小组为单位来统计记号数量要比逐个数快得多。在现代数学家看来，这位凿刻狼骨的穴居人高格采用的是以 5 为基准的五进制计数系统。

但是，他为什么会选择"5"作为计数单位呢？事实上，他的这个决定带有一定的随意性，假若高格选择以 4 为一组进行计数，而后再以 4 组（16）为一个集合体进行计算，他的计数系统同样能够有效运转，以 6 为计数单位的系统亦是如此。分组的方式并不会影响骨头上的记号数量，它只会改变高格算出总数的方式，而无论方式如何变更，他最后总能得到相同的答案。不过，高格更喜欢以 5 为计数单位，而世界上大部分人都与他不谋而合。人的一只手长有 5 根手指，这是大自然的偶然安排，正是由于这个偶然，"5"受到许多文化的青睐，成为其计数系统的计数基准。比如，早期古希腊人就用数字"5"（Five）的变形"Fiving"一词来描述计数的过程。

在南美的二进制计数方案中，语言学家也发现了五进制的萌芽迹象。在博罗罗语中，另一个用来表示"2 加 2 加 1"的短语是"我的手指全加起来"（就是它）。显然，古人很喜欢借用身体的某个部位来记录数量，其中，"5"（一只手）、"10"（一双手）和"20"（双手和双脚）最受欢迎。英语中的"11"（eleven）和"12"（twelve）似乎是衍生于"十（ten）分之一"与"十（ten）分之二"，而"13"（thirteen）、"14"（fourteen）、"15"（fifteen）等则是"3（three）加 10（ten）"、"4（four）加 10（ten）"、"5（five）加 10（ten）"的缩写。语言学家由此推定，"10"是日耳曼原始语中的基础单位，英语属于日耳曼语系，自然也不例外。从中我们又可推断出，使用这些语言的人们采用的是十进制的计数系统。另一方面，在法语中，数字"80"由"4 个 20"（quatre-vingts）表示，"90"由"4 个 20 加 10"（quatre-vingt-dix）表示，也许这意味着，古时定居于今日法国境内的人采用的是以 20 为单位的二十进制计数系统。像"7"和"31"这样的数字在所有的计数系统中——无论是五进制、十进制还是二十进制——均占有一席之地，但 0 则不然，所有计数系统里都难觅它的踪影；或者说，这个概念压根就不存在。

人们根本无须记录 0 头羊或 0 个孩子，就如杂货商只会说"我们这儿没有香蕉"，而不会说"我们有 0 个香蕉"。人们也不会用一个数字来表示缺失的东西，因为没有人会给不存在的事物赋予标记。这就是长久以来人们能够在没有 0 的环境中自如生活的原因——因为人们并不需要它，所以它也就未曾显露身姿。

事实上，在史前时代，能够透彻了解数字着实是一项了不起的能力，单是能数数的人就已经被视为天才。在人们眼中，他们就和那些懂得施展巫术、对神灵直呼其名的人一样神秘莫测。据埃及亡灵书中的描述，在黄泉阴界有个摆渡人，专渡亡灵过河，每有亡魂之灵进入阴间，他就会问他们一个问题："人一共有多少根手指？"若答不上来，便不得上船，此时亡魂之灵须背诵一首计算韵文，数出手指总数，方能令摆渡人满意。（希腊的阴间摆渡人则会收取过路费，钱币一般藏于死者的舌底。）

尽管计数技能在古代社会较为稀罕，但数字与计数基本原理的发展总是早于读写能力。当先民方才开始压制芦苇制作写字板、在岩石上凿刻图形、在羊皮纸和纸莎草纸上涂画墨汁，数字系统早已稳固确立。将口头的数字系统转录为书面形式并非难事，人们只须找到一种方便抄写员将数字记下并长久保存的编码方法。有些文明甚至在发明书写之前就已经想出了记录数字的编码方法，比如，没有发明文字的印加文明通过排列各种带有颜色的小绳结来记录计数过程与结果，后人称之为结绳语（quipu）。

最初，抄写员一般使用与数字的基础体系相吻合的方法记录数字，可以预见的是，他们肯定尽可能地采用简洁的方式。自高格所处的时代起，人类社会一直在进步和发展，抄写员们创造了各式符号来代表不同类型的分组，而不是将各个小组的记号一再重复记录。若采用的是五进制系统，抄写员也许会用一种符号表示数量 1，用另一种符号表示数量为5 的组别，再用第三种符号表示数量为 25 的组别，并以此类推。

古埃及人便是这样做的。在金字塔建成的 5000 多年之前，古埃及人就设计了一套图形，用来表征他们使用的十进制计数系统：一个直角符号表示 1 个单位数量，一个根骨形状表示 10，一个旋涡状的陷阱图案则表示 100，以此类推。古埃及抄写员在记录数字时只须写下这些符号，例如，若想记录数字"123"，抄写员无须重复勾画 123 个标记，只要记录 6 个符号：1 个陷阱、2 个根骨和 3 个直角。这是古代数学计数的典型方式。和大多数早期文明一样，古埃及同样没有——或者说不需要——0。

不过，古埃及人绝对称得上是优秀的数学家。他们掌握了大量天文学知识，能够准确地记录时间。考虑到天文历法的飘忽不定与难以捉摸，他们必定运用了相当先进的数学知识，方能达到如此成就。

对大多数古人来说，制定一套稳定的历法绝非易事，因为制定者通常会先想到阴历，即以两个满月之间的间隔时间为一个月。这是一个自然而然的选择，天上月亮的盈亏圆缺十分明显瞩目，是人们用来标记时间周期的方便之选。不过，阴历的一个月在 29 至 30 天之间，不管如何腾挪，12 个月加起来也只有 354 天左右——比公历的太阳年少了约 11 天；若按 13 个月计算，又会多出 19 天。作物栽种收获的时间周期依照的是公历的太阳年，而非阴历的太阴年，因此，如果根据并不十分准确的阴历来计算时日，人们也许会有一种错觉，认为每个月所处的季节似乎总在缓慢变更，并不固定。

修正阴历绝对是一项复杂艰巨的任务。如今一些国家，如以色列和沙特阿拉伯，仍在沿用昔日的改良阴历，而 6000 年前的古埃及人就已经发明了一套更加优良简便的计时系统，这套历法以数年间的四季更替时间为基准，与其保持同步。也就是说，古埃及人与当今大多数国家一样，利用太阳来追踪时间循环的规律，而非月亮。

古埃及历法 1 年有 12 个月，这一点与阴历并无二致，不同的是，古埃及历法中每个月有 30 天（因采用十进制计数法，他们制定的历法中，1 个星期有 10 天）。且每年的最后一个月会多出额外 5 天，如此一来，一年就总共有 365 天。此套历法可以看作如今通行公历的始祖，后来为古希腊、古罗马相继采用并再次订正，增加了四年一遇的闰年，而后正式成为西方世界的标准通用历法。不过，由于古埃及人、古希腊人和古罗马人均没有启用 0，因此西方历法中也便没有出现 0 的踪影，而这一疏忽将成为千年之后一系列问题爆发的导火索。

古埃及人发明阳历是人类的一次重大革新与突破，但 0 在青史上留下的印迹绝不仅于此，它还标志着几何学这门堪称艺术的学科的出现。即便没有 0，古埃及人依旧迅速成长为数学专家，或者说，由于尼罗河的汹涌波涛，他们不得不加紧脚步。尼罗河每年都会泛滥并淹没沿岸的三角洲，好在洪水会将肥沃的河底淤泥冲上河岸并堆积于田野，尼罗河三角洲也因此成为古代最肥沃的耕田区。但是，漫溢的河水同时也会摧毁沿岸各家农田的界限标记（古埃及人非常重视产权归属问题，据《埃及亡灵书》记载，刚死之人须在天神跟前起誓，保证自己从未窃取过邻居的土地；若犯过此罪，则必受严惩，心脏会被挖出，喂给名唤吞噬者的凶猛巨兽。在古埃及，夺取邻居的土地是十分严重的罪行，量刑与违背誓言、谋杀他人、在寺庙手淫等不相上下）。

古代的法老常派遣调查员前往评估土地损失，并帮助农户重新设置农田界标，几何学就此应运而生。这些调查员（或可称之为绳索使用者，因为他们以长绳为量度工具，并用结节的绳索来标记角度）将土地划分成大小不等的矩形和三角形，以此来确定地块面积。古埃及人还掌握了测量物体（如金字塔）体积的方法。古埃及数学在整个地中海地区享有盛名，连古希腊早期的数学家和几何学大师，如泰利斯、毕达哥拉斯，都极有可能前往古埃及求过学。古埃及几何学焕发出了熠熠光辉，但 0 依旧杳无踪迹。

其中部分原因在于，古埃及人喜欢追求实用价值，他们发展的脚步从来没有踏出过体积测量与时间记录的范畴。除了占星术这一例外，其他不具实用性的领域都未曾窥见数学的身影。因此，即便是最好的数学家，也不曾尝试运用几何原理解决任何与现实世界无关的问题。他们既没有将发明的数学体系转化为抽象的逻辑体系，也没有想过可以将数学与哲学理念结合贯串。古希腊人则不同，他们敞开怀抱，欣然迎接那些极富抽象性与哲思性的概念，古代数学也由此发展至巅峰。然而，古希腊人也没能揭开 0 的神秘面纱，0 源自东方，而非西方。

0 的诞生

> 人类文化的历史长河滔滔向前，0 的发现将一如既往地耀眼夺目，永远被视为人类史上最伟大的成就之一。
>
> ——托拜厄斯·丹齐克《数字：科学的语言》

古希腊人对数学的理解要优于古埃及人。古希腊数学家从古埃及人那里学习几何学的奇奥，掌握通透之后，很快便超越了他们。

起先，古希腊人构筑的数学体系与古埃及人的非常相似，计数系统同样以 10 为基础，只在计数方式上稍有差别：古埃及人用图形代表数字，古希腊人则用字母。H（希腊字母表第七个字母）表示100，M（字母表第十二个字母）表示10000——"万"是该系统中最大的计数单位。5也有对应的象征符号，说明古希腊人采用的是五进制与十进制混合的计数系统。不过总体来说，古希腊人与古埃及人的计数方式几近相同——至少在某一段时期确是如此。与古埃及人不同的是，古希腊人不久便抛弃了这套原始的计数方法，进而发展出另一个更加高级复杂的系统。

按古埃及人的计数方式，两个笔画‖代表2，三个符号ℂ则代表300，但在公元前五百年，古希腊发展了一套新的计数系统，在此体系中，2、3、300均有各自不同的象征字母，其他数字亦如是（见图1），这样可以避免符号的重复使用。比如，古埃及计数系统需要十五个符号来表示87，包括八个根骨形状符号和七个直角符号；而新的古希腊计数系统只需两个符号，π表示80，ζ表示7（虽然古罗马计数系统淘汰了古希腊数字，但其实它更接近于较为低级的古埃及计数系统，实则是一种倒退，它须用七个符号来表示87，即LXXXVII，其中明显可见有几处重复）。

尽管古希腊计数系统比古埃及的更加精细，但它并不是古代最先进

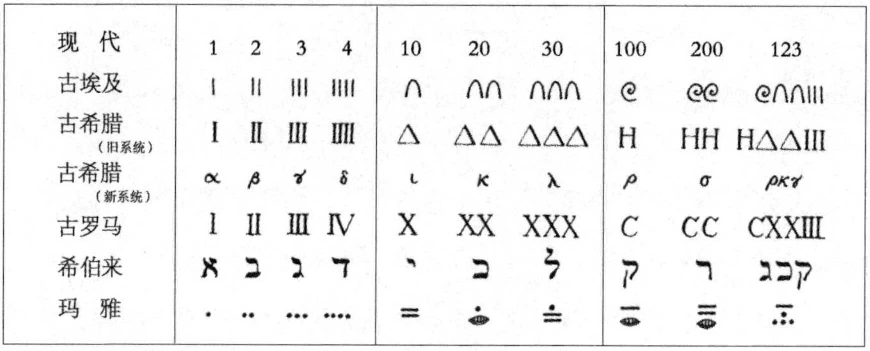

	现代				10	20	30	100	200	123
	1	2	3	4						
古埃及	I	II	III	IIII	∩	∩∩	∩∩∩	ℂ	ℂℂ	ℂ∩∩III
古希腊（旧系统）	I	II	III	IIII	△	△△	△△△	H	HH	H△△III
古希腊（新系统）	α	β	γ	δ	ι	κ	λ	ρ	σ	ρκγ
古罗马	I	II	III	IV	X	XX	XXX	C	CC	CXXIII
希伯来	א	ב	ג	ד	י	כ	ל	ק	ר	קכב
玛雅	·	··	···	····	=	ⴰ	ⴲ			

图1：不同文明的数字

的数字书写体系，这一荣誉称号花落东方——古巴比伦数字。得益于这一系统的发明，0 终于在东方的新月沃地闪亮登场。

乍看之下，古巴比伦计数系统似乎有些违背常理。一方面，它竟是以 60 为基础的六十进制系统，这样的选择未免让人觉得古怪，因大部分文明都选用 5、10 或者 20 作为计数基础。而且，此系统只有两个计数符号：垂直楔形代表 1，两个横向楔形代表 10。将以上符号按需重复记录，归为一组，便可代表 1～59 之间的任意整数。这就是古巴比伦计数系统的基础符号，就像古希腊系统以字母为基础、古埃及系统以图形为基础一样。不过，这还不是古巴比伦计数系统真正古怪的地方。古埃及和古希腊计数系统中，每个符号都只能代表一个数字，古巴比伦系统则不然，此系统中一个符号能代表众多不同的数字，比如，单个楔形符号不仅能表示 1，还能表示 60、3600 等无数其他数字。

用现代的眼光审视古巴比伦计数系统，难免觉得它奇怪陌生，但对于古代人来说，它确实十分合理，就相当于青铜器时代的计算机代码。与其他许多文明一样，古巴比伦人也发明了一些器械辅助计算，其中最著名的当数算盘，不同国家的人对其称呼各有不同，日本人叫它 soroban，中国人称其 suan-pan，俄语中叫作 s'choty，土耳其人赋予它 coulba 的名字，在亚美尼亚地区则有 choreb 的称谓。算盘利用可滑动的小卵石来记录数字，英语单词 calculate（计算）、calculus（微积分学）和 calcium（钙）均源自拉丁语中的"卵石"一词——calculus。

用算盘添加数字并非难事，只须将石子上下移动。不同列圆柱上的石子分别代表着不同的数值，通过巧妙的拨弄操作，熟练的使用者可以快速进行大额数字的加法计算。计算完成后，使用者只须查看算盘上各个石子的最终位置，再将其换算为数字。这一连串操作可谓简单明了。

古巴比伦数字常题刻在泥板上。可以把每一组符号想象成算盘上的石子，就像算盘上每一列圆柱上的石子都有各自的数值一样，每一组符号根据位置的不同，对应的数值也相应有所变化。这样，古巴比伦数字与我们今日使用的数系也就没有太大的差别了。数字 111 中的每一个 1 皆表示不同数值，从右至左分别指代 "1" "10" 和 "100"；同样，古巴比伦数字 "ΥΥΥ" 中，不同位置上的三个 "Υ" 相应地代表 "1" "60" 和 "3600"。这样的计数方式与算盘别无二致，不过，又有一个问题出现：古巴比伦人是如何书写数字 "60" 的？数字 1 很容易书写——Υ，但 60 同样写作 Υ，位置是两者唯一的区别。算盘上，第一列的单个石子和第二列的单个石子之间泾渭分明，因此利用算盘可以轻松分辨出 "Υ" 代表的究竟是哪个数字。然而，书面记录又是另一番迥然不同的情况，因无法明确呈现书写符号具体位于哪一列，"Υ" 既能够指代 1，也可以代表 60 或者 3600。当数字混合使用时，情况则更加复杂，"ΥΥ" 可能指称 61、3601、3660 甚至更大的数值。

0 就是解决这一问题的灵丹妙药。公元前三百年左右，古巴比伦人开始使用两个倾斜的楔形（↗）代表一个空当，相当于算盘上的一列空柱（即一列上的所有石子皆在底端）。这样的占位符号（placeholder）使人们不费吹灰之力便可辨识出各符号所处的具体位置。在 0 显露真身之前，ΥΥ 可解读为 61 或者 3601，但有了 0，ΥΥ 只能指称 61，而 3601 则应书写为 Υ↗Υ（见图 2）。0 的出现就是为了赋予任意给定序列的古巴比伦数字一个唯一且固定的数值。

尽管 0 益处甚大，但此时的它只是一个占位符号，仅代表算盘上的一列空柱，旨在确保各个数字都落在正确的位置上，其本身并无任何数值意义。000002148 指称的数值含义与 2148 并无二致，在一串数字字符中，0 只能从它左侧的数字那儿获得存在的意义，若究其本身，它并无任何意义。0 只是一个数位，一个用来表达某个数字的数值的符号，

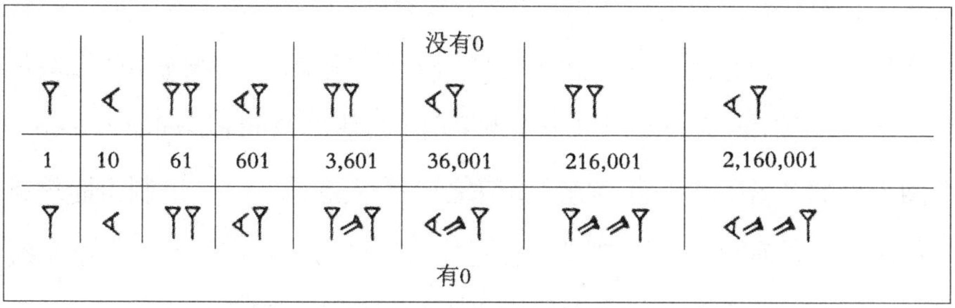

				没有0			
𒁹	𒌋	𒈫	𒐕	𒈫	𒐕	𒈫	𒐕
1	10	61	601	3,601	36,001	216,001	2,160,001
𒁹	𒌋	𒈫	𒐕	𒐋	𒐖	𒐋	𒐖
				有0			

图 2：古巴比伦数字

称不上一个具有具体数值的数字。

　　一个数字的数值取决于它在数轴上的位置，或者说，取决于它与其他数字的相对位置，比如，数字 2 必定在数字 3 之前、数字 1 之后，不可能居于其他区间。起初，数轴上并没有专属于 0 的位置，因为它仅是一个符号，在位次森严的数字等级序列中找不到它的栖身之所。甚至到了今天，尽管我们已经清楚地知道 0 本身确实具有数值，但我们偶尔仍会将 0 当作占位符号使用，而没有将它与"数字 0"联系起来。抓起一部手机或随意看一看手边的电脑键盘，你会发现，0 总在 9 之后，而没有出现在它本该在的位置上——1 之前。若只作为占位符号，0 在哪个位置实则无关紧要，它可以出现在数字序列的任意一处。但今天我们都明白，0 不能在数轴上随意安身，因为它具有一个确切的数值含义，它担纲着正数与负数的界标的角色，它还是一个整数、一个紧靠在 1 之前的偶数。0 必须安分地待在数轴上的正当位置上，−1 之后、1 之前，其他位置皆荒谬无理。然而，由于我们总是习惯从 1 开始数数，0 只能在电脑键盘的末尾、手机键盘的底端落座。

　　1 似乎是计数的合适起点，但如此一来，0 难免陷入尴尬境地。然而，对于其他一些文明，比如聚居于墨西哥和中美洲的玛雅人，他们似乎认为从 1 开始计数是不太恰当的。事实上，玛雅人也自创了一个数字系统和一套历法，而且这个系统似乎比我们今天使用的数字系统和历法更加合理。与古巴比伦人一样，玛雅人也采用了位值制①（place-value system），而两个计数系统的唯一差别在于，古巴比伦人选择了六十进制，而玛雅人使用的是留有早期十进制残余痕迹的二十进制。与古巴比伦数字系统相仿，玛雅计数系统同样需要一个 0 来标记每个数字符号的位置，从而确定其数值。为了增加趣味性，玛雅人创造了两种数字符号。较为简易的那一种以点和线为基础，另一种则更加繁复，选用的基本表示符号是图像字符——大体为风格奇异的人脸形状。按照现代的眼光看，这些玛雅图像字符（见图 3）活脱脱就是一副外星人的面孔。

　　与古埃及人一样，玛雅人也缔造了一部十分卓越的阳历。因为他们的计数系统以数字 20 为基础，自然而然也就规定一个月有 20 天，一年划分为 18 个月，即 360 天，此外年末有一个为期 5 天的特殊时段，称为"无名日"（Uayeb），如此全年总计 365 天。玛雅人的计数系统中有 0，因此他们总是从 0 开始计算天数，在这一点上与古埃及人略有分别。比如，名为 Zip 的这个月的第一天常被称作"位于 Zip"，接下去的那一天为 1 Zip，紧接着为 2 Zip，以此类推，直到月底最后一天为 19 Zip，紧挨着 Zip 的月份名为 Zotz'，于是，19 Zip 的隔天为"位于 Zotz'"，随后是 1 Zotz'、2 Zotz' 等等。玛雅历法中每个月有 20 天，以 0～19 编号，而非当今通行的 1～20 号。（玛雅历法之复杂令人惊叹，除了上述介绍的这套阳历，他们还制定了另一部具有浓厚宗教色彩的历法，该历法一个周期为 260 天，共 20 周，每周 13 天。两部历法相互结合，组合形成持续 52 个阳历周期，即 52 年的同步循环，称为历法循环。）

---

① 即每个数码所表示的数值，不仅取决于这个数码本身，而且取决于它在计数中所处的位置。

图 3：玛雅数字

　　玛雅体系比西方的历法体系更加合乎情理。西方历法创立之时 0 尚未出现，因而自然不会出现"第 0 天""第 0 年"此等称谓。这一疏忽从表面上看似无足轻重，实际上却带来了许多麻烦，引发了关于千禧年开端的一系列论战：迈入 21 世纪的第一个年头究竟应该是 2000 还是 2001？玛雅人就绝不会为之起争论。然而，制定如今通用历法的并不是玛雅人，而是古埃及人以及他们的后来者——古罗马人。所以，我们不得不与这样一部麻烦频出、无 0 之踪迹的历法且伴且行。

　　古埃及文明中 0 的缺失不仅于历法不利，而且有碍西方数学的长远发展。事实上，古埃及文明对数学未来发展的阻滞绝不止于 0 的缺席。古埃及人处理分数的方式极其烦琐累赘，他们不似现代人，把 3/4 看成一个比率，而是将其解读为 1/2 与 1/4 的相加结果。除了 2/3 这个唯一例外，其他所有古埃及分数均表示为一连串形式为 1/n（n 为自然数）的分数的总和，并且称 1/n 为单位分数。冗长的单位分数链使得分数的处理成为古埃及（还有古希腊）计数系统中非常棘手的难题。

　　0 的横空出世淘汰了这个效率低下的分数处理体系。在古巴比伦计数系统中，由于 0 的存在，分数的书写变得十分简便。现代数学用 0.5 表示 1/2、0.75 表示 3/4，古巴比伦人则用数字"0；30"指称 1/2、"0；45"指称 3/4。（事实上，比起现代普遍使用的十进制，古巴比伦的六十进制计数系统更适用于书写分数。）

　　遗憾的是，古希腊人与古罗马人对 0 憎恶入骨，紧紧攥着与古埃及数字系统一脉相承的计数法不肯放弃，纵使古巴比伦计数系统使用更加简便，他们也不愿转头投向它的怀抱。对于一些复杂运算，如制定天文表所需的计算，古希腊计数系统的处理方式未免过于冗杂。于是，古希腊数学家先将单位分数转换为古巴比伦的六十进制数系进行运算，然后再把最终结果换算成古希腊数字。他们本可省下这些耗费时间的换算步骤（对于来回往复地换算分数是一件多么"有趣"的事情，我们大多深有体会）。但古希腊人对 0 实在鄙薄至极，所以，即便他们已亲身感受到 0 的益处，却始终不愿在书写体系里为它奉上一席之地，理由无非只有一个——0 非常危险！

虚无的可怖特性

> 在伊米尔尚未离世的远古时期：既无海洋，亦无陆地，更无略带咸涩的潮涌；既无所谓地球，亦无极乐天堂；只有撕裂的虚空，和不知延伸往何方的绿色事物。
>
> ——冰岛古代诗集《老爱达经》

难以想象，人类竟会惧怕一个数字。然而，0 不一样，它冷酷无情，与虚空、与"无"紧密相连。人类对虚空与混沌天生怀有恐惧，0 也无可避免地受到波及。

古人大多深信，在宇宙最终酝酿成形之前，唯有虚空与混沌共存于世间。古希腊人认为，起初，是黑暗孕育了万物，混沌也脱胎于它；此后，黑暗与混沌一同点燃了其他万物的起源之火。希伯来人的创世神话描述道，在上帝向地球洒下光辉，并为它塑造形貌之前，这片土地处于一片虚无与混沌之中。（希伯来语谓之为 tobu v'bobu，罗伯特·格雷夫斯将希伯来语中的 tobu 与一种原始闪米特龙 Tehomot 联系在一起,这种龙存在于宇宙诞生之初,它的身体化为了天与地;bobu 则与希伯来传说中的庞然巨兽 Behemoth 密切相关。)古印度传说叙讲了一个创世者将混沌搅浑融入土地的故事;挪威人的神话描绘了被冰雪倾覆的虚无旷地和孕育于冰火交相的混沌中的原始巨人。虚无与混乱被看作宇宙最初始的自然状态,所以,在人的心底总有一股难耐的畏惧,害怕在时间之河的尽头,虚无与混乱会再一次成为这片土地的主宰。而 0 恰恰是虚无的象征。

焦虑、不安都不足以形容人们对于 0 与虚无的恐惧。在古代,0 的数学特性叫人费解,无法言明,和宇宙的诞生一样,都被裹卷在一团神秘的迷雾之中。这是因为 0 不同于其他数字,比如,在古巴比伦数字系统中,其他数字字符均可独立存在,只有 0 不可以,且理由充分——单独存在的 0 往往"行为不端",至少不似其他数字一般循规蹈矩。

通常来说,一个数字加上它本身,该数将发生变化,比如,1 加 1 不会仍旧是 1,而变成了 2。再比如,2 加 2 等于 4。但是,0 加上 0,依然是 0,它违背了一条叫作"阿基米德公理"的数学基本原则。此条原则认为,任意给定两个数字 a、b,必存在正整数 n,使 $na > b$(阿基米德以几何语言对此公理进行描述,一个数字相当于两块面积不等的区域之差)。唯独 0 不会增大,同时,它也无法令其他数字增大。2 和 0 相加,得到的仍然是 2,仿佛这个相加运算从未发生过一般,杳无痕迹。减法亦如是,2 减去 0 还是 2。0 不具备实质,然而,就是这个非实质性的数字正威胁并动摇着数学界最基本的运算,如乘法与除法。

在数字的领域中,乘法是一种延伸。把数轴想象成一根带有刻度线的橡皮筋(见图 4),乘以 2 相当于把橡皮筋拉长两倍,此时,原先位于刻度 1 的橡皮筋末端延展至刻度 2,原先位于刻度 3 的延展至刻度 6。

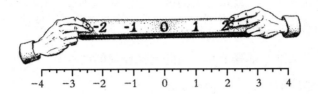

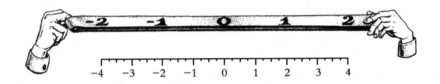

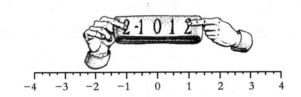

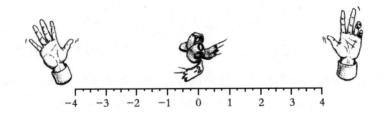

图 4：乘法运算橡皮筋

同样，乘以 0.5 的运算则须将橡皮筋松弛下来，原本位于刻度 2 的橡皮筋末端回弹至刻度 1，原先位于刻度 3 的回弹至刻度 1.5。若乘以 0，又会是怎样一番情形呢？

任意数字乘以 0 都等于 0，因此，橡皮筋的两端都归于刻度 0。

于是，橡皮筋绽裂，数轴崩塌。

不幸的是，我们无法绕开或回避这个令人不快的事实，任何数乘以 0 必须等于 0，这是现代计数系统中的一个固定性质。数字要有意义，就必须满足一个称为分配律（distributive property）的性质。下面将通过一个实例对其进行阐述。比如，一个玩具商店售有 2 个一组的圆球和 3 个一组的积木，隔壁的玩具商店则是将 2 个一组的圆球和 3 个一组的积木打包一起售卖，那么，第一家商店里的 1 袋圆球加上 1 袋积木应该等于第二家商店里的 1 个套装。以此类推，若在第一家商店里购买 7 袋圆球和 7 袋积木，应该等同于向第二家商店购买 7 个套装。这就是乘法分配律，用数学符号可表示为：$7 \times 2 + 7 \times 3 = 7 \times (2+3)$。至此，一切进展顺利。

如果将分配律应用于 0，便会出现一些奇怪的情况。我们都知道，$0+0=0$，所以一个数字乘以 0 与乘以（0+0）应无区别。以 2 为例，$2 \times 0 = 2 \times (0+0)$，根据乘法分配律，$2 \times (0+0)$ 等同于 $2 \times 0 + 2 \times 0$。这就意味着，$2 \times 0 = 2 \times 0 + 2 \times 0$。不管 2×0 具有何等性质，若你将它与自身相加，结果都无任何改变。这与数字 0 似有些共通之处。其实，事实就是如此。分别从等式两边减去 2×0，便可得到 $0 = 2 \times 0$。因此，任何数乘以 0 都会等于 0。这个麻烦的数字把整条数轴碾压成了一个点。不过，这个恼人的乘法分配律还远不能体现 0 的威力，它的强大力量在除法运算中才真正显露。

乘以一个数相当于数轴的延伸，那么除以一个数便相当于数轴的收缩。乘以 2 时，将数轴伸展两倍；再除以 2，便是将橡皮筋收缩一半，可抵消第一步的乘法运算。除以一个数可使原先的乘法运算无效，换句话说，可令原本已被拉伸至新位置的橡皮筋回归原位。

通过以上的剖析我们已经知道，一个数乘以 0 会摧毁这条数轴。那么，除以 0 正处于乘以 0 的对立面，按理它应该能够抵消乘以 0 这一运算对数轴造成的毁坏。然而，非常遗憾，事实并非如此。

在先前的举例中我们可看到，2×0 等于 0，因此，由于除法能够抵消乘法，我们顺理成章可得到以下假设，通过（2×0）/0 的运算，将重新得到 2，并以此类推，（3×0）/0 将等于 3，（4×0）/0 将等于 4。但是，2×0、3×0、4×0 都等于 0，因此，（2×0）/0 相当于 0/0，（3×0）/0、（4×0）/0 亦是如此。这也就意味着，0/0 既等于 2，也同样等于 3、等于 4。这显然毫无道理。

当从另一个角度看待 1/0，一样会出现奇怪的情况。乘以 0 反过来应该也能够抵消除以 0 的运算，那么，1/0×0 就应与 1 相等，但是我们知道，任何数乘以 0 都必须等于 0。可以说，没有任何一个数字乘以 0 会得到 1——至少迄今为止我们仍未碰到过。

最糟糕的是，若你执意要做除以 0 的运算，整个数学与逻辑的根基都将被摧毁殆尽。除以 0 的运算能给予你一种魔力——但仅此一次——使你能够从数学的角度证明世间的任意一切：你可以证明 1＋1＝42，并从此出发，证明约翰·埃德加·胡佛是个天外来客、威廉·莎士比亚来自乌兹别克斯坦，甚至证明天空带有圆点花纹。（证明温斯顿·丘吉尔是一根胡萝卜的过程详见附录 A。）

乘以 0 粉碎了数轴，除以 0 却将推翻捣毁整个数学架构。

0 这个看似简单的数字蕴含着无上的力量，它是数学界最有力的工具。不过，由于它奇异的数学性质与哲学特征，它将与西方的基本哲学体系碰撞出无可避免的冲突之音。

第 2 章

ZERO: THE BIOGRAPHY OF A DANGEROUS IDEA

无中难以生有

西方世界对 0 的摈斥

“ 无中不能生有。 ”

——卢克莱修《万物本性论》

　　0 与西方哲学体系中的一条核心宗旨相悖，此宗旨扎根于毕达哥拉斯关于数学的哲学讨论，芝诺悖论①又赋予了它沉甸甸的价值，它是整个古希腊世界的顶梁支柱。这一信条便是：虚无是不存在的。

　　在古希腊文明轰然崩塌之后，由毕达哥拉斯、亚里士多德、托勒密等人构筑撑托起来的古希腊世界还幸存了很长一段时间。在那个世界里，既不存在"虚无"的概念，也没有 0 的身影，因此，在近两个世纪的漫长岁月里，西方世界始终无法接受 0。拒绝的后果十分严重。0 的缺席阻碍了数学的发展，扼杀了科学的创造，还顺带干扰了历法的制定。在坦然迎接 0 之前，西方哲学家们需要先亲手摧毁他们容身的世界。

----

① 芝诺悖论（Zeno's paradox）：古希腊数学家芝诺提出的一系列关于运动的不可分性的哲学悖论。

古希腊数学哲学的起源

> 太初有道，道（ratio）① 与神同在，道就是神。
>
> ——《约翰福音》第一章第一节

古埃及人发明了几何学，却对数学深思甚少，于他们而言，数学只不过是一门用来记录年月更迭和测量地块分布的工具。古希腊人对数学的态度则大不相同，在他们看来，数学与哲学相生相伴，密不可分，对两者都极其重视。古希腊人对数学的追求异常狂热，甚至有些过了火。

来自米太旁登的希帕索斯站立在甲板上，准备受死。他的四周是一群忠于某个学派的狂热教徒，而他则被视为这个学派的背叛者。希帕索斯揭露了一个秘密，这个秘密将击碎这个学派建构的整个哲学世界，是对古希腊思想的致命一击。为此，伟大的毕达哥拉斯毫不犹豫地对希帕索斯判以极刑，将其溺死。为了捍卫信奉的数学哲学，即便是双手沾染鲜血，也在所不惜。希帕索斯发现的这个秘密连累他送了命，但与 0 带来的威胁相比，却又显得微不足道了。

这个学派的领导者是毕达哥拉斯，一个古代的激进分子。大多数资料记载，他出生于公元前 6 世纪的古希腊萨摩斯岛，这个小岛位于土耳其沿岸，盛产美酒，岛上的赫拉神庙声名远播。即便是以古希腊带有迷信色彩的标准来看，毕达哥拉斯学派的信条都是异乎寻常的。毕达哥拉

---

① "ratio" 的希腊原文为 λογος（logos），亦译作"圣言"，这一译法比传统译法更为合理。

斯认为自己是特洛伊战争中的英雄欧福耳波斯的转世化身，这一点令他坚信，所有灵魂，包括动物的灵魂，在死后都会轮回转生，因此，他是一个严格的素食主义者。但豆子被列为禁忌之物，因为它会引起胃胀气，也因为它们长得很像外生殖器。

在当时，毕达哥拉斯或许称得上是一个新时代的思想家，他既是极富感染力的演说家，也是著名学者，同时还是一位魅力超凡的老师。据说，他还为居住在意大利的希腊人撰写了宪法章程。学生蜂拥而至，毕达哥拉斯的周围迅速聚集了一群想要聆听这位导师教诲的追随者。

毕达哥拉斯学派的成员严格按照其领袖的训诫生活做事，其中，他们笃信，最好是在冬季向女性示爱，而非夏季；所有的疾病都是由消化不良引起的；人应该吃生食、饮白水，不应穿羊毛。而毕达哥拉斯学派信奉的最为根本的哲学理念是：数是万物的本原。

古希腊人的数学继承自古埃及的几何学，因而，在古希腊数学中，图形与数字之间并没有明显的界线，并且，在古希腊人的眼中，哲学家与数学家几乎可视为一体。[这一影响甚至延续到了今日，正方形数与三角形数便是最好的佐证（见图 5）。] 那时古希腊数学家常通过绘制精密图形来证明某些数学定理，他们手中的工具不是铅笔和纸张，而是直尺与圆规。毕达哥拉斯认为，图形与数字之间的联系高深而神秘，每一个形数①背后都有其各自隐藏的含义，而最具美感的那个形数则堪称神圣。

毕达哥拉斯学派有一个神秘标志，这个标志自然是一个形数：一个

---

① 形数（number-shape）：有形状的数。毕达哥拉斯学派研究数的概念时，喜欢把数描绘成沙滩上的小石子，小石子能够摆成不同的几何图形，于是就产生了一系列的形数，形数都是自然数。形数是将数形象化的方法，数量和形状决定一切自然物体的形式，数不但有量的多寡，而且也具有几何形状。

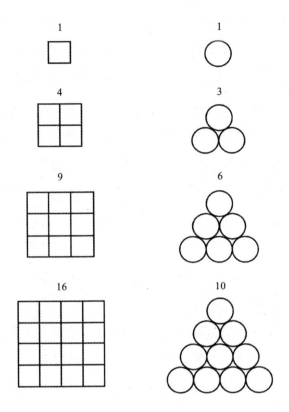

图 5：正方形数与三角形数

五角星形。这个图案看似简单，却能窥见无穷。五角星形内部各顶点相连可得一个五边形，用直线将此五边形各顶点交叉相连又可得到一个倒置的小五角星，这个小五角星与原来的五角星形状相同，大小成一定比例；这个小五角星的内部又包含了一个更小的五边形，五边形中又能构画出一个更加小的五角星，周而复始，循环无端（见图 6）。这种自我复制甚为有趣，但它并不是毕达哥拉斯学派的信徒们关注的焦点，他们认为，这个图形最核心的特质潜藏在五角星的线条之中，这些线条里蕴藏着一个形数，这个形数是毕达哥拉斯学派宇宙观的终极象征，那就是——黄金比例（the golden ratio）。

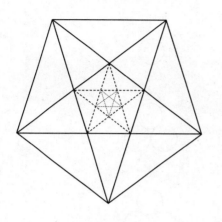

图 6：五角星形

黄金比例的重要性在毕达哥拉斯学派的一个发现中体现得淋漓尽致，但这一发现如今已鲜有人记得。现代课堂里，孩子们对毕达哥拉斯的了解大多来自他提出的一个著名定理：直角三角形的两条直角边的平方和等于斜边的平方。然而事实上，它只是一条过时的新闻，早在毕达哥拉斯时代之前的一千多年，它就已经为人所知晓。在古希腊，人们之所以记住毕达哥拉斯是因为他的另一项发明：音阶。

据传说，有一天毕达哥拉斯正摆弄一台单弦琴（木盒上只装有一根琴弦，见图 7），他把一个滑动的琴桥①放在琴弦下来回移动，改变弹奏的声调。他敏锐地发现，琴弦奏出的乐声是有规律可循的。在没有放置琴桥的情况下拨动琴弦，可以得到被称为基础音调（fundamental）的清脆音调；在单弦琴上放置琴桥，琴桥与琴弦接触，则会改变弹奏的音调。若将琴桥置于单弦琴的中间，与琴弦的中心点相接触，那么琴弦两边奏出的调子别无二致，而且，这个音调与基础音调相比提高了一个 8 度。毕达哥拉斯注意到，若略微移动琴桥，将琴弦以 3 比 2 的比例划分，在此情况下弹拨琴弦，两部分琴弦弹出的音调将合奏出一个纯五度音（perfect fifth）。纯五度是音乐世界中最具感染力、最能唤起共鸣的音程关系。不同比例下产生的不同和声，或抚慰人心，或叫人心烦意乱（比如，三全音音程就极不和谐，被称为"地狱之音"，为中世纪

---

① 琴桥：又称琴码，是一块桥形的小木片，坚定地站在琴面板的中间，而受压迫于琴弦之下。

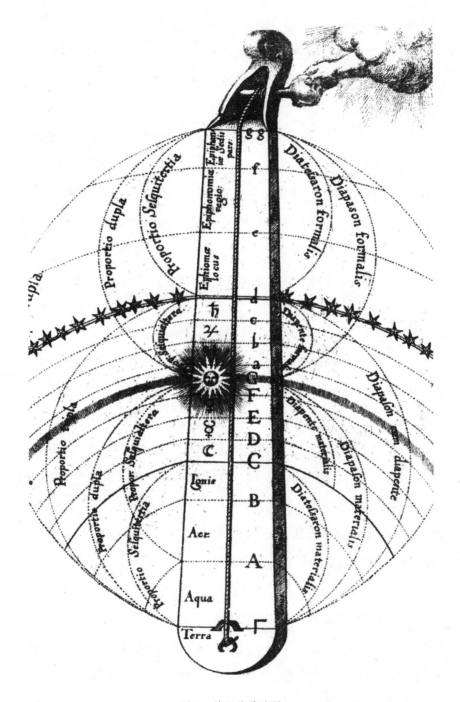

图 7：神秘的单弦琴

音乐家所摈弃）。奇怪的是，如果琴桥所处的位置不能将琴弦分割成一个简单的比例关系，两边弹奏的音调就无法和谐融合，往往刺耳难耐，甚至更糟，此时奏出的和声摇移不定，就像一个喝醉了在音阶上东倒西歪的酒鬼。

对于毕达哥拉斯来说，音乐是一项数学行为。与正方形、三角形一样，线条也是形数，所以，将一根琴弦分成两个部分与取两个数的比例实则是同样的道理。音律的和谐便是数学的和谐，甚至是世界的和谐。毕达哥拉斯得出结论，认为数与数之间的比例关系操纵的不仅仅是音乐世界，还有世上一切具有美感的事物。在毕达哥拉斯看来，比例与均衡控制着音乐的美、体格的美和数学的美。了解自然就是了解数学中的比例关系。

这样的哲学理念——音乐、数学与自然间的可互换性——也深刻地影响了早期毕达哥拉斯学派关于天体运行模型的构建。毕达哥拉斯提出，地球是宇宙的中心，太阳、月亮、行星、恒星皆为球形，沿着各自的轨道环绕地球运转（见图 8），轨道之间的大小比例整齐有序，和谐美好。天体运转，美妙乐声也随之隐隐响起。最外围的木星与土星移动最快，其产生的音调也最高；内层的天体，如月球，则鸣奏较低的音调。纵观来说，宇宙是一支具有数学性质的和谐管弦乐队，运行的众天体一齐奏响了一曲"天体音乐"（harmony of the spheres）。这就是毕达哥拉斯一贯坚持的理念：数是万物的本原。

由于数之间的比例关系是了解自然的关键所在，毕达哥拉斯学派及后来的古希腊数学家花费了许多精力挖掘数字比例的性质。最终，他们将数之间的比例关系划分为 10 类，如调和中项（harmonic mean）等，其中的一个类别里有世上最"美丽"的一个比例——黄金比例。

这个比例美妙如天赐，为了得出这个分数，可将线段按以下方式进

图 8：古希腊文明眼中的宇宙

行分割：将整体一分为二，使其较大部分与整体部分的比值等于较小部分与较大部分的比值（见附录 B）。从表面上看，它似乎没有什么独特之处，但事实上，在这一黄金比例统摄下形成的图形与物体都极具美感。到了今天，艺术家和建筑师们都已具备一种本能反应，知道长宽比为黄金比例的物体格外美观，因此，许多艺术作品和建筑都是在这一比例的支配下完成的。一些历史学家和数学家认为，帕台农神庙这座庄严宏伟的雅典庙宇的每一个角落都鲜活地展现着黄金比例的倩影。甚至大自然在挥洒设计灵感时，也难逃黄金比例这双操纵之手。鹦鹉螺[①]任意两个相邻腔室的面积之比和菠萝上顺时针果眼与逆时针果眼的数量之比都是黄金比例在自然界留下的足迹（见图 9）。

五角星形之所以被毕达哥拉斯学派奉为神圣无上的标志，就是因为五角星形的各线条都是以黄金比例进行分割的，它的身上缀满了黄金比例留下的痕迹。在毕达哥拉斯看来，黄金比例就是数字中的王者。不仅艺术家对黄金比例情有独钟，就连大自然也对它青睐有加，这似乎从旁佐证了毕达哥拉斯的推断，即音乐、美的事物、建筑、自然与宇宙之间的关系是相互交织、不容割裂的。毕达哥拉斯学派的指导思想认为，万物皆按照一定的数量比例构成和谐的秩序。这套被毕达哥拉斯学派成员奉为真理的思想很快风靡了整个西方大陆，美的事物、数的比例与宇宙之间的绝妙联系成为西方文明长期崇奉的基本原则之一。甚至到了莎士比亚时期，各天体运行轨道之间的比例关系依旧是科学家们津津乐道的话题，他们的耳边似乎仍悠悠回荡着鸣响于宇宙间的天体乐声。

在毕达哥拉斯学派的思想框架里，0 无处栖身。古希腊人将数字与图形等同起来，这一点令他们成了几何学家，但其中包藏着一个严重的缺陷，阻碍人们把 0 视为一个数字。毕竟，0 可以是什么图形呢？

人们可以轻而易举地画出一个长宽各为 2 的正方形，但是，长宽各为 0 的正方形又该是什么模样的呢？一个既无宽度也无长度——一个毫无实质形态的正方形？实在是难以想象。乘以 0 的运算也同样毫无意义可言，两个数字相乘相当于划取一个相应长宽的矩形区域，可是如果这

① 海洋软体动物，具有卷曲的珍珠似外壳，外壳由许多腔室组成，外套位于外壳内，各腔室之间由膈膜隔开。

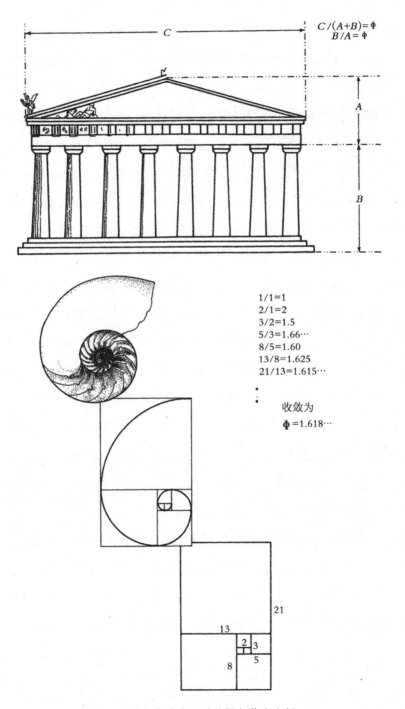

$C/(A+B)=\Phi$
$B/A=\Phi$

C

A

B

1/1=1
2/1=2
3/2=1.5
5/3=1.66⋯
8/5=1.60
13/8=1.625
21/13=1.615⋯

收敛为
$\Phi=1.618\cdots$

21

13

2 3

8 5

图 9：帕台农神庙、鹦鹉螺与黄金比例

个矩形区域的宽为0或者长为0，那么它还能称得上是一个矩形吗？

今天，数学界中悬而未解的问题大多称为数学家尚未证明的猜想。在古希腊，形数概念的提出也启发了另一种思维模式。当时有一个著名的几何学问题亟待解决：若只给你一把直尺、一个圆规，你能否画出一个与给定圆形面积相等的正方形？你又能否利用这些工具将一个给定角三等分？[①] 几何作图与几何图形实则是一样的概念。从几何学的角度看，0这个数字毫无意义，因此，若想将0纳入数字的范畴，古希腊人就必须将他们亲手建立的整个数学体系推倒重建。他们选择了拒绝。

即便古希腊人接受了0这个数字，在取数字之比时，0的存在也似乎有悖自然规律。如此一来，人们就再也无法将比例视为两个物体之间关系的表征。0与任何数之比，即0除以任何数，结果永远等于0，0可将任何数消耗殆尽。反之，任何数与0之比，即其他数除以0，结果则是逻辑的灰飞烟灭。毕达哥拉斯学派精心构建了一个和谐运转的宇宙框架，0却在上头钻出了一个漏洞，因此，他们怎么可能容忍0大摇大摆地现身呢？

毕达哥拉斯学派还企图阻止另一个必会惹来许多麻烦的数学概念走进人们的视野，那就是——无理数（irrational）。这一概念的出现是毕达哥拉斯学派面临的第一个强有力的挑战，他们费尽心思，只为掩盖无理数的存在，疯狂的教徒甚至不惜采取暴力措施防止秘密泄露。

无理数是潜隐在古希腊数学体系中的一颗定时炸弹。由于形数的二象性，古希腊的数字运算与线条测量可视同一律，因此，两个数字之间的比例等价于两条不同长度的线段之间的比较。不过，无论采用何种测量手段，都需要一个统一的评判标准方能比较线条的尺寸。打个比方，

[①] 早期的古巴比伦人并没有深刻地意识到为一个给定角作三等分的难度。在《吉尔伽美什史诗》中，叙述者讲述道，吉尔伽美什三分之二是神，三分之一是人，但这就和用一把直尺、一个圆规三等分一个给定角一样，几乎不可能做到。

假设一线条有 1 英尺 ① 长，在离一端 5.5 英寸 ② 处做一记号，将此线条划分为长短不等的两个部分，此时，古希腊人可能会使用 0.5 英寸长的标尺将线条分割为许多小段，其中一条线段含有 11 个小段，另一条线段含有 13 个小段，于是，这两条线段之比便为 11∶13。

因为世间万物的性质皆由数量比例所决定，所以毕达哥拉斯学派笃信，宇宙间所有有意义的事物都能表征为具有美感的齐整比例关系，换句话说，它们必须是有理数（rational），或者可以更确切地表述为，这些比例关系必须能够写成 a/b 的形式，且 a 和 b 必须是整数，如 1、2、47 等。（数学家会谨慎注明，b 绝不能是 0，因为众所周知，除以 0 的运算会引发灾难性的后果。）显而易见的是，宇宙万物不可能只遵循如此简明有序的规律。有一些数字无法以简单的 a/b 形式表示，而这些无理数就是古希腊数学前进道路上避无可避的一道屏障。

正方形是几何学中最简单的图形之一，受到毕达哥拉斯学派教徒的尊崇。（它有 4 条边，分别对应四大元素 ③，象征着数字的完美和谐。）然而，正方形的纯粹中却掺杂着无理数的魅影。若在正方形里画上一条对角线，无理数旋即浮出水面。举一个具体例子，假设一个正方形，其边为 1 英尺长，再连接两个对角画出对角线，痴迷于数量关系的古希腊人看看正方形的边长，再瞅瞅对角线，心底必然陡生一个疑问：这两条线段的比例该是多少呢？

第一步，依然是确立一个统一标杆，且暂定为 0.5 英寸长的直尺。第二步，用此标尺将两条线段分割为若干相等线段，标尺 0.5 英寸长，可

---

① 1 英尺约等于 0.305 米。

② 1 英寸约等于 2.540 厘米。

③ 四大元素（the four elements）：指火、气、水、土四元素。毕达哥拉斯认为，因为有了数，才有几何学上的点，有了点才有线面和立体，有了立体才有这四种元素，从而构成万物。

将 1 英尺长的正方形边划分为 24 段，再用标尺划分对角线，此时又会发生什么状况呢？我们会观察到，对角线可大致分为 34 段，但结果并不完全齐整，第 34 段略微短了一些，0.5 英寸长的标尺稍稍突出顶角外。既然如此，那就再精细些，把标尺换成 1/6 英寸长，正方形的边被分割成 72 段，对角线划分的线段比 101 段稍微多一些，又比 102 段少一点。可见，这一测量方法仍旧不够精细。若使用一个真正精密的标尺，以一百万分之一英寸为单位尺寸呢？正方形边可被分割为 12,000,000 段，对角线划分的线段则比 16,970,563 段短了一些。我们选择的标尺依然无法同时满足两条线段的精确划分，仿佛无论标尺的尺寸多么精细，都无法产生一个令人合意的结果。

事实上，人们确实无法找出一个长度适合的标尺，能够同时满足正方形边和对角线的测量，因为对角线与边是不可通约的（incommensurable）。然而，没有统一的评断依据，就无法以比例的形式表示两条线段之间的长度关系。这意味着，我们无法找出整数 a 和整数 b、以 a/b 的形式表示这个边长为 1 的正方形的对角线，即是说，此正方形的对角线是一个无理数——今天，我们将这个数字表示为 $\sqrt{2}$。

这是对毕达哥拉斯学派的一大冲击。倘若简单如正方形都能够使比例关系这一神圣语言手忙脚乱，它又怎么可能有能力掌控自然万物呢？毕达哥拉斯学派难以接受这一点，但它又是那样不容置疑，因为这是在他们奉行的数学规则下推导得出的结果。这就是由正方形对角线的不可通约性（或无理性）引发的史上第一次数学危机。

对于毕达哥拉斯来说，无理性是一个极其危险的概念，他一手创建了一个以数量比例关系为核心的宇宙观，但无理数的出现直接动摇了它的根基。毕达哥拉斯学派很快又发现，被他们奉为美与理性的终极象征的黄金比例，竟然也是一个无理数！真可谓雪上加霜。为了不让这些可怖的数字将毕达哥拉斯学派的教义信条毁灭殆尽，他们严守无理数的秘密，每一个人都守口如瓶，甚至连记录笔记也不被允许。不可通约的 $\sqrt{2}$ 由此成为毕达哥拉斯学派中埋藏最深也最为沉重的秘密。

然而，与 0 不同，古希腊人不会轻易忽视无理数的存在。它在几何作图中反复出现，对于这样一个痴迷几何学与数量比例的民族而言，无理数的秘密很难不被察觉。总有一天，会有一个人走上前来，将它宣之于众。这个人便是希帕索斯，他是一名数学家，也是毕达哥拉斯的门生。无理数的秘密给他惹来了一场灭顶之灾。

关于希帕索斯的背叛与最终命运，传说繁多，模糊不清，其中还有一些相互矛盾的地方。数学界至今仍流传着这位向世界宣告无理数秘密的勇者的不幸故事。一些人描述说，毕达哥拉斯学派的信徒们把希帕索斯抛入大海，任由其溺死，因为他用严酷的事实摧毁了一个美丽的理论，所以这是对他的公正惩戒；有的古代史料则记载，他是由于背叛信仰才在海上丧了命；有的消息源则记述，学派将他驱逐出了人类世界，并为他建了一座墓冢。不过，无论希帕索斯的命运最终走向何方，毋庸置疑的是，他肯定受尽了原先学派同门的唾骂。他泄露的秘密动摇了毕达哥拉斯学派的核心宗旨，但是，若将无理数视为规则之外的反常现象，就可以阻止它玷污毕达哥拉斯学派的宇宙观。一段时间之后，古希腊人无奈地承认，无理数确实归属于数字的范畴。毁灭性的无理数没有杀死毕达哥拉斯，杀死他的是豆子。

与希帕索斯的谋杀传说一样，关于毕达哥拉斯的最终命运同样众说纷纭，但所有的说法皆暗指这位大师的离世方式有些离奇。虽然有传他是绝食而死的，但大多数传说都认为，豆子才是他殒命的原因。据其中一个版本，有一天，毕达哥拉斯的仇人们（毕达哥拉斯认为他们不够富有而拒绝了他们的求见，他们因此愤恨不已）点火烧了他的房子，当时正在屋内的弟子们四散而逃，紧随其后的暴徒毫不留情地将他们一一屠杀，毕达哥拉斯孤身躲窜逃命，却猛然跑到了一片豆田前。他停下了脚步，因为在他看来，与其穿过这片豆田，还不如就死在这里。尾追者当然十分高兴，欣然抬手割破了毕达哥拉斯的喉咙。

尽管学派分崩离析，领袖也已经与世长辞，但毕达哥拉斯学派的教义却仍未陨灭，其精华仍旧留存于世，并为亚里士多德所吸纳。后者的思想理念传世两千多年，成为西方历史上最具影响力的哲学体系，而这个体系与0依然不相兼容。但0与无理数不同，它可以被无视，讲求数字–图形二象性的古希腊人要做到这一点简直易如反掌，毕竟，0不具有与之对应的几何图形，人们自然可以不把它当作数字看待。

事实上，既不是古希腊的计数系统，也不是古希腊人知识的缺乏拦阻了0的融入。由于对夜晚星空的着迷，古希腊人早就知晓了0的存在。与大多数古代文明一样，古希腊也有占星家，而在古巴比伦则诞生了人类史上的首批天文学大师，他们业已具备预测日食和月食的能力。泰利斯是古希腊第一位天文学家，他从古巴比伦人那里（或许是通过古埃及人）学会了这项技能，并于公元前585年成功预测了一次日食。

古巴比伦天文学流入古希腊，其计数系统也随之而来。出于发展天文的需要，古希腊人采纳了古巴比伦的六十进制计数系统，并将一小时划分为60分钟，1分钟划分为60秒。早在公元前500年，0就已经作为占位符出现在古巴比伦的数字书写中，在古希腊的天文学界自然也能找寻到它的踪迹。古代天文学发展的巅峰时期，古希腊天文表上经常出现0的身影，其代表符号为小写的第15个古希腊字母o，它与我们现在使用的数字0十分相似，不过，这也许仅是一个巧合。（之所以采用第15个字母o来象征0，可能是因为古希腊语中表示"无"之意的单词ouden其首字母为o。）但古希腊人并不喜欢0，因此他们竭尽所能地避免使用它。在使用古巴比伦计数法完成运算后，古希腊天文学家通常会把最终结果转写回笨拙的古希腊计数形式，而古希腊计数法中是没有 0 的。0 从未成功渗透古代西方使用的计数系统，因此，古希腊第 15 个字母 o 不太可能是 0 的前身。古希腊人领略了 0 在运算中的作用，却依旧不肯对它敞开胸怀。

所以，古希腊人对 0 的抗拒姿态既不是缘于无知，也不是因为他们通用的数形结合的数学体系。其根源其实在于哲学。0 与西方秉承的基本哲学思想互有冲突，0 蕴含的两个概念对于西方哲学而言是致命的打击，正是这些概念最终动摇了亚里士多德哲学思想的长期统治地位。这两个危险的概念便是——虚无与无限。

无限、虚无与西方世界

> 于是，博物学家们注意到，一只跳蚤，其身上暗伏着更小的跳蚤，以它为猎物，它们的身上又有更小的跳蚤，伺机张口咬噬，如此往复，便是无限……
>
> ——乔纳森·斯威夫特《诗歌：狂想曲》

无限与虚无暗藏着令古希腊人惊骇乃至胆寒的威力。无限预示着一切运动都可能无法成行；而虚无则叫嚣着要将坚果状的宇宙碾压成上千碎片。通过把 0 拒之门外，古希腊哲学家们的世界观得以保全，又在世上绵延了两千多年。

　　毕达哥拉斯的核心思想成为西方哲学体系的中心支柱：数是万物的本原；各行星在天球中有序运行，和谐旋律也随之而起。但是，在这些天体之外呢？是否有更多、更巨大的天体？或者说，位于运行轨道最外围的那颗行星是否就是宇宙的尽头？亚里士多德和后来的哲学家们均坚称，不可能存在无限数量的嵌套天体。在这种哲学理念统治下的西方世界，无穷大或无限这一概念被完全弃置一旁，找不到生存与发展的空间。但是，由于芝诺这位在当时被评价为"最讨人厌"的哲学家，"无限"已然开始悄悄侵蚀西方思想的根基。

　　芝诺生于公元前 490 年左右，当时波斯战争刚刚打响，这是一场东方与西方的大规模冲突交战。古希腊人也许能够战胜波斯人，可古希腊哲学却永远不可能彻底征服芝诺——因为芝诺提出了一个悖论，在古希腊哲学家看来，这个逻辑上的难题相当棘手，可以称得上是古希腊史上最令人头疼的论证：芝诺证明了"不可能"的存在。

　　芝诺提出，世间无一物处于运动的状态。这一说法无疑是荒唐的，只消在房间里踱上几步便可驳斥。每个人都清楚这个观点的荒谬，但没有一个人能够从芝诺的论述中找出一丝裂隙瑕疵。他提出的这个悖论困住了古希腊的哲学家以及他们的后来者，在近两千年的岁月里，这个逻辑谜题如梦魇般纠缠着各大数学家。

　　芝诺提出了许多关于运动的悖论，其中最著名的是"阿基里斯跑不过乌龟"，他证明了，速度飞快的阿基里斯永远也追不上动作迟缓但比他先一步出发的乌龟。说得具体些，假设阿基里斯的速度是 1 英尺每秒，乌龟的速度是 1/2 英尺每秒，乌龟的起始出发点在阿基里斯之前 1 英尺。

　　阿基里斯起步追赶，仅 1 秒钟就到达了乌龟的出发点，但在这一秒钟里，乌龟也在向前移动，前进了 1/2 英尺。没关系，阿基里斯速度很快，1/2 秒钟便追上了这 1/2 英尺的距离，然而乌龟又已经往前爬了 1/4 英尺。一瞬间——仅过了 1/4 秒——阿基里斯再次追上了这段距离，可是，就在这稍纵即逝的时间里，乌龟又向前挪动了 1/8 英尺。阿基里斯脚步未歇，但乌龟总能制造出无穷个起点，且在起点与阿基里斯之间制造出一个距离，不管这个距离有多短，是 1/8 英尺、1/16 英尺还是 1/32 英尺……只要乌龟不停地奋力向前爬，阿基里斯就永远追不上乌龟，因为乌龟总是先他一步（见图 10）。

我们都清楚，在现实世界里，阿基里斯肯定能追上乌龟，但芝诺的论证结果却截然相反。当时的哲学家无法驳倒这个悖论，尽管他们知道芝诺的这个结论肯定是错误的，但无法从芝诺的数学论证中挑出一丝错处。逻辑是哲学家手中的主要武器，但对于芝诺提出的这个悖论，逻辑推导似乎无能为力。芝诺这条逻辑链的每一环似乎都无懈可击，但如果环环相扣的论证都是正确的，为什么最后推导出来的结果却是错误的呢？

这个问题彻底难住了古希腊人，但他们其实已经捕捉到了这团迷雾的源头：无限。芝诺悖论的核心就是无限：芝诺将连续运动过程分割成无穷多的小段间隔，由于间隔的数量无限大，于是古希腊人就认为，尽管间隔距离越来越小，但阿基里斯和乌龟总是在不断运动。也就是说，在有限的时间里，追赶的过程永不停歇——至少他们是如此认为的。古人难以应对"无限"这个概念，好在现代数学已经掌握了其中的要领。对于无限的理解与处理须小心谨慎，但在 0 的帮助下，这个问题已然迎刃而解。经过数学界 2400 年的努力，今天的我们已可轻松准确地击中芝诺悖论的阿基里斯之踵。

古希腊数学没有 0，但我们有，而它恰恰是解决芝诺悖论的关键所

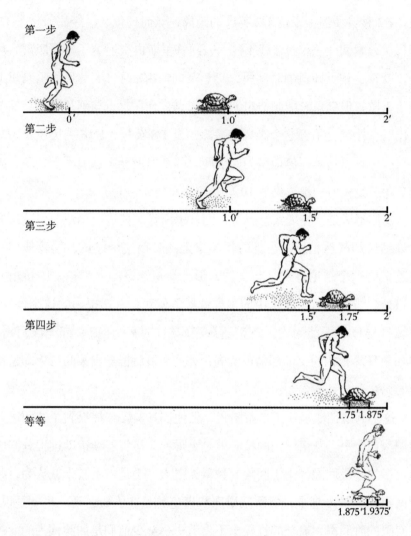

图 10：阿基里斯与乌龟

在。在某些情况下，无穷个数字项的累加是有可能得到一个确切的数值的——但这些累加的数字项必须趋近于 0[1]。阿基里斯与乌龟的情况便是如此。若把阿基里斯的跑动距离从 1 开始累加，即（$1+1/2+1/4+1/8+\cdots$），其后的项数值越来越小，越来越趋近于 0，每一个项都相当于阿基里斯与乌龟之间的距离，而追赶的终点则是 0。然而，由于古希腊人已将 0 推拒门外，所以他们始终无法理解，阿基里斯与乌龟的这段追赶之旅是有终点的。在古希腊人看来，1、1/2、1/4、1/8、1/16…这个数列无穷无尽，没有终点，只是数字项的数值会越来越小，直到跨出他们掌握的数字范畴。

现代数学则清楚地知道，这些累加项是有一个极限的，1、1/2、1/4、1/8、1/16…，最终趋近于 0，这就是它们的极限。换句话说，这趟追赶的旅程是有终点的。一旦确认了终点的存在，人们自然会发问，这个终点到底有多远？多久能到达这个终点？将阿基里斯跑动的距离相加起来并非难事：$1+1/2+1/4+1/8+1/16+\cdots+1/2^n+\cdots$，而随着阿基里斯的跑动距离越来越小，越来越趋近于 0，其累加的结果就越来越趋近于 2。这个结果又是如何得到的呢？假如从 2 开始，一一减去累加的各数字项：$2-1$ 自然等于 1；然后再减去 1/2，得到 1/2；再减去下一项，即减去 1/4，得到 1/4；再减去 1/8，得到 1/8……于是，我们可以再次得出一个熟悉的数列。如前所述，1、1/2、1/4、1/8、1/16…这个数列的极限是 0，因此，若由 2 减去这些项，结果应该是 0。因此（$1+1/2+1/4+1/8+1/16+\cdots+1/2^n+\cdots$）的极限就是 2（见图 11）。也就是说，阿基里斯在跑动 2 英尺之后，就能赶上乌龟，尽管他须走过无限多步。再来计算一下阿基里斯追赶上乌龟所需的时间：$1+1/2+1/4+$

---

[1] 这是一个必要非充分条件，如果这些数字项趋近于 0 的速度太慢，它们的和则无法收敛到一个有限的数。

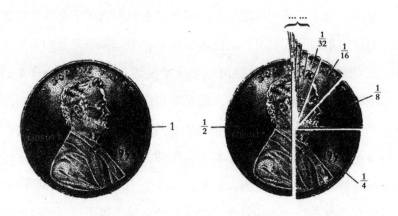

图 11：$1+1/2+1/4+1/8+1/16+\cdots=2$

$1/8+1/16+\cdots+1/2^n+\cdots=2$ 秒。阿基里斯需要走过无限多步才能跑完这一段有限的距离，但他所需的时间仅为 2 秒。

古希腊人无法识破这个小小的数学诡计，因为在他们的知识海洋里不具备极限的概念，但究其根源，还是在于他们对 0 的不信任。他们认为，这个无限数列中的项是没有极限，或者说没有终点的，项的数值越来越小，目之所及，似乎望不到尽头。他们反复琢磨虚无的概念，却拒绝承认 0 是一个数字；他们费心思忖无限的定义，却不肯接受无穷（数值为无穷大或无穷小的数字）的存在。这便是古希腊数学界最大的失败之处，而古希腊数学家发明微积分的可能性也就此摒绝。

无限、0、极限的概念，三者联系紧密，难以分割。古希腊哲学家无法揭破它们之间的联系，因而也就错失了解决芝诺悖论的关键要点。芝诺悖论影响力甚大，古希腊人前赴后继地尝试对其做出解释，但这些尝试注定失败，因为此时的他们并不具备相应的知识概念，可谓手无寸铁。

芝诺自己也没有对这个悖论做出恰当的解释，或者说，他从未寻求得到解答，因为这个悖论的内涵十分契合他的哲学思想。他是古希腊埃利亚学派的成员，这一学派的创始人巴门尼德认为，宇宙的本质是固定不变的。芝诺提出的这些悖论展现了变化与运动的矛盾性，恰好支持了巴门尼德的观点，芝诺尝试说服人们相信，世间万物的存在是唯一且永恒不变的。芝诺也笃信，"存在"不动，即运动是不可能的。而他提出的这些悖论就是这一理论的主要支撑论点。

其他思想理论亦层见叠出。比如，持原子论者认为，宇宙万物是由一种叫作"原子"的微小物质粒子构成的，原子不为人眼所察，既不能创生，也不能毁灭，自古便存在；所谓运动，实则就是这些微小粒子的运动。如果原子要四处游移，就必然有供其运动的空间存在，如果没有类似虚空 ① 的事物将它们分隔开，它们就只能挤作一团；也就是说，所有一切事物都将困在同一位置，无法动弹半分。因此，原子论的主张成立的前提是，宇宙间必然充斥着容纳原子运动的空间——无限的虚空。原子论的推崇者欣然接纳了"无限虚空"这一概念，它既囊括了无穷，也包含了 0。这个结论震惊世人，但其提出的"原子不可再分"的内核思想却能够在某种程度上拨开芝诺悖论的迷思。原子是宇宙间不可分的最小粒子，即是说，存在这样一个临界点，一旦过了这个临界点，事物便不可再分。于是，芝诺认为的无止境向前将不再成立，因为在一个最小的不可再分的时间点上，运动的物体一定要穿越至少一个不可再分的原子的距离，否则即可被视为静止。阿基里斯在一个时间点上穿越的原子数量一定比乌龟多，这样一来，他也就能够成功追上乌龟了。

在另一个与原子论相抗衡的哲学体系中，没有诸如无限虚空这类怪

① 虚空：通常认为没有任何物体存在的空间就是虚空。

诞离奇的概念，它把宇宙描绘成舒适安逸的坚果形状，没有无限，没有虚空，只有美丽的天体围绕着地球旋转，位于宇宙中心的自然是我们赖以生存的地球。这便是亚里士多德的宇宙模型，后来，居住于亚历山大城的天文学家托勒密对其进行了修正补充。亚里士多德把 0 与无限推拒门外，并在此基础上对芝诺悖论做了一番解释。

亚里士多德认为，数学家"既不需要也用不到无限"。也许"无限"的概念会潜匿于数学家的思想深处，比如，将线条划分成无限多的小段，但没有人能真正做到这一点，所以，无限在现实生活中是不存在的。阿基里斯无疑能够轻松地超过乌龟，因为所谓的无限个起点其实只是芝诺的臆想造物，并不存在于现实世界。亚里士多德将无限搁置一旁，并轻描淡写道："无限只不过是人类思维的构想。"

以毕达哥拉斯的宇宙模型为基础，亚里士多德（以及后来的改进者天文学家托勒密）提出，各天体在球体宇宙中沿正圆形轨道运行。既然无限已不复存在，天体的数量自然也非无限，所以，一定存在一个最后的天体。这颗最外围的球体是深蓝色的，带着午夜的幽深，镶嵌着星辰的点点辉光，宇宙就在这里戛然而止。宇宙被惬意地包裹在一个坚果形状的有限空间里，恒星安稳地绕地球而动。宇宙是一个有限大的球体，其中充满了物质，既不存在无限，也不存在虚空；既没有无穷大，也没有 0。

这一连串的推导过程产生了另一个推论，而这个推论也是亚里士多德哲学得以长久延续的主要原因，那就是，他的哲学体系检验并证明了上帝的存在。

天上群星沿着各自的轨迹悠然旋转，产生的曼妙乐声漫溢天际。但是，一定是有什么东西造就了这些运动。静居于中的地球不可能是这股动力的来源，因此，最内层的天体肯定是在下一层天体的带动下运动的，并以此类推。然而，无限是不存在的，天体数量有限，所以，一定存在一个最终动因，推动着这些恒星的运转。而这个原动力，就是上帝。基督教自席卷西方世界之时起，就与亚里士多德的宇宙观及其证明上帝存在的凭据牢牢捆绑在一起，原子论则与无神论者紧密相连。质疑亚里士多德的哲学信条就是在质疑上帝的存在。

亚里士多德的思想体系成就辉煌。他最著名的学生，亚历山大大帝（逝世于公元前 323 年）生前将他的思想向东远播至印度。亚里士多德思想的生命力远比亚历山大的帝国强大，一直绵延发展至 16 世纪的伊丽莎白时期。亚里士多德思想长期处于统治地位，与之相伴的便是对无限以及虚空的排斥。对无限的否定必然伴随着对虚空的否定，因为虚空本身就意味着无限的存在，毕竟，虚空的本质决定了，其存在只有两个逻辑上的可能，而这两个可能性都蕴含了无限的存在。第一个可能性，宇宙中容纳原子运动的空间是无限多的，因此无限是存在的。第二个可能性，宇宙中容纳原子运动的空间非无限多，即虚空是有限的，但是，由于虚空是没有任何物体存在的空间，那么，就必须存在无限多的物体，以确保虚空的数量是有限的，于是，无限同样存在。两种可能性下，虚空的存在都暗含着无限的存在。虚空或者 0 粉碎了亚里士多德高妙的思想论述，同时也摧毁了他对芝诺悖论的驳斥和对上帝存在的证明。于是，人们在接受亚里士多德思想的同时，也被迫伸手推开了 0、虚空与无限。

但是，仍有一个问题：同时驳倒无限与 0 并非易事。回溯过往岁月，沉淀在历史长河中的往事——浮现，但是，倘若无限是不存在的，那么也就不会有无穷多的历史事件，因此，历史的河流必有一个起始的源头——创世。然而，创世之前呢？是一片虚无吗？显然，亚里士多德无法接受这个答案。相反，如果没有所谓第一个历史事件，那就意味着宇宙自古便有，并将亘古长存。于是，要么存在 0，要么存在无限，不存在两者都不具备的宇宙。

亚里士多德对虚空这一概念嫌恶入骨，取舍之间，他宁愿相信宇宙的永恒无限，也不愿认同宇宙充斥着虚空。他认为，时间的无穷无尽与芝诺悖论的无限分割一样，都只是一种"潜在的"无限（无限是连续性的一种体现，这种说法得到了许多学者的赞同，甚至有一些人还将创世故事当成佐证上帝存在的进一步证据。中世纪的哲学家与神学家注定要因这个难题展开一场持续几百年的持久论战）。

亚里士多德关于物理学的思想虽错漏颇多，但影响深远，在一千多年间，所有与之相反的见解都在它的耀眼光芒下黯然失色，其中不乏一些更加务实的观点。在世界将亚里士多德的物理学思想——包括他对芝诺的无限概念的排斥——抛诸脑后之前，科学难以迈出前进的步伐。

尽管聪慧盖世，芝诺还是陷入了难以挣脱的困境。大约在公元前435 年，芝诺密谋推翻埃利亚的僭主尼阿库斯，并协助走私武器，但计划不幸败露，芝诺被捕入狱。为找出同谋者，尼阿库斯对芝诺严刑拷问。芝诺很快便招架不住，乞求停止审讯且答应供出同谋。尼阿库斯走到他的跟前，芝诺却一再坚持要他再贴近一些，因为他只想对尼阿库斯一人吐露秘密。于是，尼阿库斯弯下身子，将头靠近芝诺，就在这电光火石之间，芝诺一口咬住了尼阿库斯的耳朵。尼阿库斯惊声尖叫，芝诺却如何都不肯松口。一旁的审讯人员无奈之下，只能将芝诺乱刀捅死。一代"无限"大师就此陨落。

古希腊终于迎来了一位智者，在无限这一研究问题上超越了芝诺，他就是阿基米德，一个来自锡拉库扎的古怪数学家，他也是那个时代里唯一一位对无限投去审视一瞥的思想家。

锡拉库扎是西西里群岛中最富饶的城市，阿基米德的家庭在当地属名门望族。人们对阿基米德的年轻时期知之甚少，只大致知道他生于公元前 287 年前后，与毕达哥拉斯一样，出生于萨摩斯岛，后移民至锡拉库扎。阿基米德帮助锡拉库扎的国王解决了许多工程问题，这位国王还请求阿基米德帮他鉴定其纯金打造的王冠是否被工匠掺杂了铅，这可是一项难度远超当时科学水平的任务。一天，阿基米德坐在自家浴缸里，注意到缸里的水正往外溢，他突然悟到，可以通过测定王冠在水中的排水量来确定金冠的密度及纯度。于是，他欣喜若狂地跳出浴缸，跑到锡拉库扎的大街上高声呼喊"尤里卡！尤里卡"（Eureka，希腊语，意为"我知道了"），全然忘了自己还没穿上衣服。

阿基米德发挥自己的才能，为锡拉库扎的军队做出了许多贡献。公元前 3 世纪，古希腊的霸主地位已然式微，亚历山大的庞大帝国崩塌瓦解为若干小国，这些势力长期处于斗争状态，此时的西方世界，有一股新生力量正崭露头角，那便是罗马共和国。罗马将征服的目光投向了锡拉库扎。相传，阿基米德为锡拉库扎军队发明了多种强劲武器用以抵御罗马人的进攻，如投石器、巨型起重机（可以将敌人的战舰吊到半空中，然后重重摔下使其在水面粉碎）、聚光镜（把强烈的阳光一齐反射到远处的敌舰上，使其着火）等。这些武器弄得罗马士兵惊慌失措、草木皆兵，一见到城墙上挂着根绳子或竖着块木头，就以为又是阿基米德发明的什么新武器，于是仓皇逃走。

为聚光镜抛光触发了阿基米德对于无限的思考。几个世纪以来，古希腊人一直沉迷于圆锥曲线的研究无法自拔。取一圆锥体，切成两半，根据切割方式的不同，分别可得到圆形、椭圆形、抛物线和双曲线。其中，抛物线有一个特殊的性质：抛物镜面能够将阳光或远距离光源的光线聚于一点，换句话说，能够通过聚光点燃船帆的镜子必须为抛物镜面。阿基米德苦心钻研抛物线的性质特征，就是在这期间，他开始了对

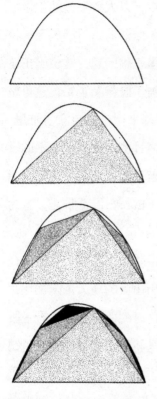

图 12：阿基米德的抛物线

无限的第一次思索。

为了了解抛物线，阿基米德必须先掌握测量它的方法。在此之前，无人知晓究竟该如何准确计算抛物线所围成的面积。三角形与圆形的面积测定已驾轻就熟，但一些稍不规则的曲线，如抛物线所围成的面积测量则不然，其难度超出了当时古希腊数学可及的知识范围。不过，阿基米德想到了一个方法，而这个方法中隐匿着无限的身影。第一步就是在抛物线内部画一个三角形，然后在两边剩余的空白地带再画上两个三角形，此时余下四个空隙，便再添画更多的三角形，并以此类推（见图12）。就像阿基里斯与乌龟一样，这一系列步骤同样没有止境，所画的三角形越来越小，其面积很快便趋近于 0。经过一串漫长而复杂的运算，阿基米德把无穷多的三角形的面积累加起来，并巧妙地估算出了抛物线所围的面积。当时的数学家都对这个推导思路不以为然，因为阿基米德采用无限作为工具，这一点招来了他的数学同行们的反感。为了说服他们，阿基米德运用当时为人接受的数学知识，在所谓阿基米德公理的基础上又总结了一套证明方法，不过他自认，前一种方法更值得称颂。我们先前业已提到，阿基米德公理的内容是，任意给定两个正实数 a、b，必存在正整数 n，使 $na>b$，而 0 显然不包括在内。

阿基米德的三角形证明方法已相当接近极限的基本思想（或者说

微积分的基本思想，此处不做过多的细致区分）。在后来的著作中，阿基米德算出了抛物线与圆形绕直线旋转形成的物体体积，对如今学习微积分的学生来说，这样的题目已是小菜一碟。但是，阿基米德公理将 0 排斥在外，而 0 恰恰是沟通有限与无限的桥梁，是走向微积分与高等数学的必由之路。

即便阿基米德聪明绝顶，他间或也会与人一同嘲弄无限这个概念。他对亚里士多德的宇宙观深信不疑，认为宇宙就是一种巨大的有限球体。有一次，他心血来潮，想尝试计算出需要多少数目的沙粒才能填满整个宇宙。他首先计算了充填一颗罂粟籽需要多少沙粒，然后计算多少罂粟籽能填满一浮[①]的宽度，再由一浮扩展至一斯塔德[②]的长度，以此类推，一直拓展至宇宙量级。经过运算，阿基米德得出，需要 10^{51} 颗沙粒才能填塞满整个宇宙，直到最边缘的恒星球体。由于这个数值过于巨大，古希腊计数系统已无能为力，阿基米德不得不重新创造了一套计大数的方法，以简化计数方式。

万（myriad）是古希腊计数系统中最大的计数单位，此系统的计数上限只能到万万（myriad myriads，即 100,000,000）以及比万万更大一点的数。但阿基米德的计算结果已然超过这个界限，于是，他只能按下了重启键，建立新的计数法。他以 1 亿（原文是万万，myriad myriads，这里按照中文的习惯改称为亿——译注）为基础单位，设定 100,000,000 等于 1（阿基米德没有设定 100,000,001 等于 1、100,000,000 等于 0，这是现代数学家的做法，当时的阿基米德不曾意识到，从 0 入手其实更为合理），而后再进行计数，把从亿到亿亿之间

---

① 浮：finger，意为"手指"，又作"浮"，以美男子库里·修斯伸出双臂时两手中指指尖之间的距离作为长度单位，称为一浮。据考古证实，1 浮＝1.829 米。
② 斯塔德：stadium，意为"体育场"，是古希腊的标准长度单位，1 斯塔德约为 184 米。

的数叫作第 2 级数（second order），从亿亿到亿亿亿之间的数叫作第 3 级数，并以此类推，直到第 1 亿级数。他把上述从第 1 级数到第 1 亿级数的所有数字称为第 1 周期（the first period）的数。这样的方法虽略显笨拙，但足以帮助阿基米德完成他的思维实验，其计数范围甚至大大超过了阿基米德原先的需求。这些数字尽管数值巨大，尽管远超足以填满宇宙的沙粒数目，但它们依然是有限的。古希腊世界不需要无限。

如果给阿基米德更多时间，或许他也能感受到无限与 0 的魅力，但是，这位计算出宇宙容沙量的数学家注定要在数学的陪伴下，在沙地中接受命运的最后安排。罗马人攻破锡拉库扎是大势所趋，罗马士兵潜行通过一座管理松懈的瞭望塔，轻松翻越城墙，进入内城，锡拉库扎人发觉时已无力回天。罗马人侵城而入，阿基米德却对周遭此起彼伏的恐慌置若罔闻，他席地而坐，在沙地上画着圆圈，正试着证明某条数学定理。一个罗马士兵瞥见了这个满身泥污的 75 岁老人，便上前命令他离开。阿基米德严词拒绝了他的要求，因为他的证明推导尚未完成。士兵勃然大怒，立马一刀将他刺死。罗马人挥手一刀，世界便就此失去了一位伟大的思想家。

杀死阿基米德是罗马人对数学做出的最大"贡献"之一。罗马帝国延续 700 年之久，在这段漫长的岁月里，数学的发展停滞不前。历史的车轮滚滚向前：基督教在欧洲迅速传播蔓延，罗马帝国终于分崩离析，亚历山大图书馆烈火滔天^①，黑暗时代^②拉开序幕。年月又更迭了 7 个世纪，0 方才重新出现在西方世界。在此期间，两个修道士创造了一部没有 0 的历法，并将人类引入了迷雾笼罩的无底深渊。

盲目的日子

> 这是一场愚蠢而幼稚的讨论，其作用不过是暴露了那些对我们目前处境持不同观点的人群的无知。
>
> ——《泰晤士报》（伦敦）1799 年 12 月 26 日

这场"愚蠢而幼稚的讨论"旨在研究一个新的世纪究竟是从 00 年还是 01 年开始，这样的讨论如同定时的钟表，每隔一百年就准时重现一次。但凡中世纪的修道士对 0 有一丝了解，我们的历法都不会如此混乱。

---

① 亚历山大图书馆始建于托勒密一世（约前 367—前 283），是世界上最古老的图书馆之一，曾是人类文明世界的太阳。传说它先后毁于三场大火，最后一场大火发生在公元 7 世纪。公元 7 世纪，阿拉伯帝国在阿拉伯半岛崛起。公元 642 年，阿拉伯军队在阿慕尔·伊本·阿斯的率领下攻占亚历山大城。阿慕尔重新占领亚历山大城之后，一位与他相识的名叫约翰的文法学家表示，希望得到亚历山大图书馆的藏书。阿慕尔遂向帝国统治者欧麦尔请示，得到的回答是："把所有书先翻阅一下。如果其内容与经书（指《古兰经》）相同，就无须保存；如果相悖，也无须保存，不妨销毁。"阿慕尔后来下令，将所有馆藏图书交给城里的 4000 多个公共澡堂做燃料，足足烧了 6 个月之久。
② 指从罗马帝国的灭亡到文艺复兴的开始这段时期，这一时期的特点是经常进行战争，实际上没有城市生活。

修道士不可能因为无知而遭受指责。的确，在中世纪的西方世界，研究数学的人就只剩下基督教的修道士了，他们是仅存的博学者。修道士需要数学的原因有二：一是祈祷，二是钱财。为了数钱，他们必须学会数数——是的，事实就是如此。他们使用算盘或计数板，计数板类似于算盘，在刻画有等距平行线的桌面放置石头等作为算子进行运算。这个任务不算艰难，但以古代的标准看，也算是一种艺术了。为了做祷告，修道士须准确掌握时间与日期，记录时间对举行宗教仪式来说至关重要，因为不同的时间段都有各自对应的祈祷文。（中午"noon"一词的词源为"nones"，指的就是天主教七段祈祷时间中的第四段——午时经。）另外，如果没有精确的日程表与历法，守夜人又从何得知该在什么时候叫醒他的同伴起身进行一天的祷告？人们又从何得知该在什么时候庆祝复活节？这可是一大难题。

由于各历法间的冲突，复活节日期的计算绝非易事。教会位于罗马，所以基督徒采用的是365天长的罗马太阳历，然而耶稣是犹太人，他遵循的犹太阴历一年只有354天（偶有变化）。耶稣一生中各大事件的发生节点都是根据月亮的盈缺进行标记的，然而管辖日常生活的却是太阳的活动。两套历法相互龃龉，使得节日的日期预告困难重重。复活节如此漂移不定，因此，每隔几代，教会就得选派一位修道士重新计算接下来一两百年的复活节日期。

狄奥尼修斯·伊希格斯就是被选中的修道士之一。公元6世纪，罗马教皇约翰一世要求他计算接下来的复活节年表。在转写和重新计算时间表的同时，狄奥尼修斯暗地里做了一些额外研究，他发现他能够确定耶稣基督的诞生年份，再通过一系列的数学运算，得出当前的年份应该是耶稣诞生后的第525年。他认为，上帝之子诞生的年份应该作为纪元的开始，即公元（anno Domini，意为"我主纪年"）1年，因为这是耶稣降世的第一年。(严格来说,狄奥尼修斯认为耶稣的诞辰应该是前一年的 12 月 25 日,但为了与罗马纪年相配合,只能将 1 月 1 日作为历法的开端。)之后的下一年便是公元 2 年,再接下去就是公元 3 年,并以此类推。这套历法从此取代了先前的两个日期系统,通用至今 [①]。但是,又有一个问题出现了。

首先,狄奥尼修斯推算的耶稣诞辰是不对的。大部分资料显示,希律王在听说了有关新生弥赛亚的传闻后怒不可遏,为躲避希律王的迫害,玛利亚与约瑟逃亡至埃及。但是希律王在公元前 3 年业已离世,早于推算出的耶稣出世年份。毋庸置疑,狄奥尼修斯算错了。现代学者大多认为,耶稣降世应发生在公元前 4 年,比狄奥尼修斯的推断稍早几年。

实际上,这个错误还不至于酿成大祸。具体选择哪一年作为一套历法的纪年元年其实并不重要,只要历法整体前后一致即可。若众人都不介意这个相差 4 年的纰漏,比如今天的我们便大都不在意,那它也就不值一提了。但是,狄奥尼修斯修订的这套日历还存在一个更加严重的问题:0。

这套历法的元年是公元 1 年,而非公元 0 年,通常来说,这并不是什么大问题,而且当时通用的大多数历法都是从第 1 年开始的。其实,狄奥尼修斯并无选择的余地,因为他压根不知道世间竟还有 0 的存在。在他成长、受教育之时,罗马帝国已是日暮途穷,即便是在帝国的全盛时期,也未有数学天才横空出世。公元 525 年,黑暗时代幕布开启,当时西方世界沿用的是繁冗笨重的罗马数字系统。在这套计数系统中,依

---

① 一套日期系统以罗马城建成的年份为开端,另一套日期系统则以戴克里先皇帝登基之年作为元年。对于基督修道士来说,比起一座城市的建成或某个皇帝的登基,救世主的诞生无疑要重要得多,更别说这座城市历经数次烧杀劫掠,早已破败,这个皇帝更是以迫害基督徒而著称。

然没有 0 的踪迹，所以，对于狄奥尼修斯来说，耶稣基督降世的第一年自然是公元 I 年，第二年是公元 II 年，而他得出这一结论的这一年则是公元 DXXV 年。大多数情况下，狄奥尼修斯的历法不会惹来什么麻烦，毕竟在推出伊始，它并未得到欧洲人的青睐。当时，罗马教廷中的知识分子日子并不好过，公元 525 年，罗马教皇圣·约翰逝世，在随后的权力更迭中，像狄奥尼修斯这样的哲学家和数学家通通逃不过被人扫地出门的命运，但他们至少保住了性命。（其他人可就没这么好运了。波伊提乌是中世纪西方最杰出的数学家之一，不过在那个年代，数学才华毫无价值。同时，他还是位高权重的执政官。狄奥尼修斯被人扫地出门，大约在同一时间，波伊提乌也失去了权位，更惨遭监禁。他的数学成就没能名留青史，但其著写的《哲学的慰藉》一书却广受赞誉，他本人也从这一册镌刻着亚里士多德烙印的哲学书籍里寻获了许多慰藉。书成不久，他便惨死于棍棒之下。）不管怎样，这套新创的历法就这样尘封了好几年。

因缺少 0 年而产生的问题在两个世纪之后开始渐渐显露。公元 731 年，狄奥尼修斯先前制作的复活节年表已经不够用了，比德，这位来自英格兰北部、即将享有"令人尊敬的"（the Venerable）[1] 这一荣誉称号的修道士，决定再次扩写年表。也许正是这个契机，令他开始了解狄奥尼修斯的研究成果。他在撰写巨著《英吉利教会史》时，采用的就是狄奥尼修斯的新纪年方法。

此书成就甚高，为传世鸿篇，但它有一个严重的缺陷。比德挥笔撰述历史，一直回溯至公元前 60 年，即狄奥尼修斯设定的元年之前的 60 年。比德不愿弃用这套新的纪年系统，于是，他只能将狄奥尼修斯的历

[1] 天主教被列入圣徒者的头衔或英国国教副主教的尊称。

法往前拓展。比德对数字 0 同样一无所知，所以，在他的推算中，公元 1 年的前一年就是公元前 1 年，而非公元 0 年。毕竟，在比德的知识世界里，0 并不存在。

乍看之下，这样的计数方式似乎还凑合，但若细究，必定会出现纰漏。我们不妨把公元后的年份看作正数，把公元前的年份看作负数，照此，比德的纪年方式就为"…，−3，−2，−1，1，2，3，…"−1 与 1 之间本应有 0，但在这个纪年序列中，0 缺失了。1996 年，《华盛顿邮报》一篇有关天文历法的报道向人们指出了有关千禧年纪年的争议，且不经意地提到，既然耶稣出生于公元前 4 年，那么 1996 年正是耶稣降世的第 2000 年。这个提法从表面上看似乎逻辑完美：1996−（−4）=2000，但其实是不对的，1996 年应该是耶稣降世的第 1999 年。

假定一个孩子出生于公元前 4 年的 1 月 1 日，公元前 3 年时，他 1 岁；到了公元前 2 年，他 2 岁；往后再到公元前 1 年，他 3 岁；转眼到了公元 1 年，他 4 岁；公元 2 年时，他 5 岁。公元 2 年 1 月 1 日时，距离他出生一共过了多少年呢？显而易见，答案是 5 年。可见，若将年份直接相减，即 2−（−4）=6，得出的结果是错误的，因为这个纪年系统不包含公元 0 年。

照理说，这个孩子 4 岁时应该是公元 0 年 1 月 1 日，5 岁时应是公元 1 年，6 岁时应是公元 2 年，这样，所有的数字都正确归位，将年份直接相减就能得出孩子的正确年龄。但事实并非如此，依照现下通行的纪年方式，必须从相减结果中再额外减去一年，方能得出正确年龄。因此，1996 年并非耶稣诞辰 2000 周年，而是 1999 周年。上述情况已然十分错杂，但这还不是最混乱的情形。

我们不妨再做一次假设。假定某个孩子恰好在第一年的第一天的第一秒出世，即公元 1 年 1 月 1 日；公元 2 年伊始，他 1 岁；公元 3 年，他 2 岁，以此类推，到了公元 99 年，他便是 98 岁；再过一年，到公元 100 年，他 99 岁。现在，再把这个孩子命名为：世纪。公元 100 年时，这个名唤世纪的孩子，实则只有 99 岁，只有到了公元 101 年的 1 月 1 日，他才能名正言顺地庆祝自己的 100 岁生日。同样，第 3 个世纪应开始于 201 年，第 20 个世纪则应开始于 1901 年。这就意味着，21 世纪，即第 3 个千禧年，应开始于 2001 年。但你从未注意到这一点。

1999 年 12 月 31 日这一天，全世界的酒店和餐厅都被客人抢订一空，2000 年 12 月 31 日则没有如此火爆的场景。全球都在欢庆千禧年的到来，不料，竟挑错了日子。就连格林尼治天文台，这个世界时间的标杆与一切事件发生前后排列的仲裁者，也做好了被狂欢者淹没的准备。山顶的天文台里，原子级精度的时钟嘀嗒作响，山底的人群翘首等待，现场还组织了无与伦比的开幕式，所有的精心准备都只为迎接世纪之交的那一刻——没错，这一切都发生在 1999 年 12 月 31 日。倘若天文学家也对千年更替的时刻感兴趣，想在山顶开瓶香槟庆祝一番，他们应该会将日子定在 2000 年 12 月 31 日。

天文学家看待时间的角度与一般大众相去甚远，毕竟，他们仰望的是星空的时间规律，这个体系下的时间流转，既不需要闰年的概念，也不需要随着人类历法的更改而进行重置。因此，天文学家决定将人类通用的历法抛至一旁。他们不根据耶稣诞辰来衡量年月，而是以公元前 4713 年 1 月 1 日为起点进行连续纪日，这个起始日期由学者约瑟夫·斯卡利格于 1583 年随机选择而得。他所创的儒略日（Julian Date）（以其父亲尤里乌斯命名，而非尤里乌斯·恺撒大帝）就此成为天文学界的单一标准历法，因为它能够规避由于历法不停修改而造成的所有问题。（儒略日也经历过小幅修改，改动后的简化儒略日等于原来的儒略日减去 2,400,000 天 12 小时，即 2,400,000.5 天，历法起点也相应变更为 1858 年 11 月 17 日 0 时，这个日期同样带有一定的随意性。）天文学家或许并不热衷于庆祝第 51,542 个简化儒略日，犹太人也可能在不经意间就忽略了创世纪年 5760 年提别月 23 日 ① 这个日子。同样，穆斯林兴许也不会对希吉拉纪年 1420 年斋月 23 日 ② 另眼相待，但转念一想，又觉得并非如此，因为他们都知道，那一天是公历纪元 1999 年 12 月 31 日，子夜时分将迎来公元 2000 年，而且他们肯定都察觉到了这个日子的特别之处。

说不上为什么，但我们人类就是对带有多个 0 的整齐数字情有独钟。孩提时代的我们乘车出外兜风，里程表上的累计里程即将达到 20,000 英里 ③，表上的数字逐渐增加，车上所有人都屏气凝神，专注地注视着慢慢攀升的里程表，终于到了 19,999.9——画面一个跳转——20,000！孩子们高声欢呼，那一刻至今难忘。

历史的里程表也在 1999 年 12 月 31 日的午夜提前迎来了那一下激动人心的跳转。

---

① 创世纪年，*anno Mundi*，为犹太教使用的纪年；提别月，为希伯来历第十个月、日历年第四个月，通常在 12 月和 1 月间。
② 希吉拉纪年，*anno Hejirae*，为伊斯兰教使用的纪年；斋月，为伊斯兰教历的九月。
③ 1 英里约等于 1.609 千米。

第0个数字

> 瓦茨瓦夫·谢尔宾斯基是波兰一位杰出的数学家。某天，他发觉自己丢了一件行李。
>
> "没丢，亲爱的！"他的太太安慰道，"一共6件行李，都在这儿了。"
>
> "这里哪有6件行李？"谢尔宾斯基说，"我已经数了很多次了：0、1、2、3、4、5。"
>
> ——约翰·康威与理查德·盖伊《数字之书》

若非要说狄奥尼修斯和比德所创的历法中没有包括0是一个错误，似乎显得有些牵强，要知道，孩子们学数数时也是从1开始的"1、2、3"，而非从0开始。除了玛雅人，所有其他文明采用的历法都不是以0年开始，也不存在0月0日。从0开始数数或记录时间似乎有些怪异。但如果是从后往前倒数，又仿佛非常自然。

10，9，8，7，6，5，4，3，2，1，发射。

航天飞船总在倒数到0时才发射升空，重要事件也往往挑在0点进行，而不是1点，炸弹爆炸的预设地点则被命名为"0爆点"（ground zero）。

如果细想一番，你会发现，在日常生活中，从0开始计数其实并非罕事。秒表从0：00：00开始计时，一秒过后才跳转为0：01：00；方才出厂的汽车，其里程表的原始设置为00000；军用时间始于0000点，被称为"0 百点"。然而，在数数时，人们却总是下意识地从 1 开始，除非你是排列顺序相当敏感的数学家或程序员[①]。

当我们像这样计数 1、2、3 时，我们能轻松排列好它们的次序：1 是第一个数字，2 是第二个，3 是第三个。我们无须担心会把数字代表的数值（其基数性，cardinality）与其在数列中的位次（其序数性，ordinality）弄混，因为二者基本一致。这样的情况持续了很多年，大家也都很满意。然而，当 0 加入战局，数字的基数性与序数性之间的完美对应关系旋即破裂，数字的排序变成了 0、1、2、3，即 0 在首位，1 列其次，2 则位处第三。数字的序数性与基数性再不可互换。这就是上述提及的日历问题的根源。

一天中的第一个小时始于午夜过后的第 0 秒钟，第二个小时始于凌晨 1 点，第三个小时始于凌晨 2 点。数数时，我们以数字的序数性（第一、第二、第三）为基础，但在标记时间节点时，又以基数性（0、1、2）为基础——这种思维方式已经融入我们的血液，不管我们喜欢与否，它都将与我们共存。一个新生儿度过了他在这个世界上的第 12 个月，这时我们会说，这个孩子已经 1 岁了；如果我们在婴儿出生 1 年之后，方才认定他已满 1 岁，那是否意味着，从呱呱坠地的那一刻到 1 岁之前的这段时间里，这个婴儿是 0 岁？当然了，充满智慧的我们会说，这个婴儿只有 6 周大、9 个月大等等，从而回避这样一个事实——这个婴儿的岁数是 0。

狄奥尼修斯缺乏关于 0 的知识，所以，和他的许多前辈一样，他

---

① 计算机程序员若要设计一款能够执行循环任务的程序，在编程让计算机进行 10 个步骤的循环时，往往都是从 0 到 9 进行排序。健忘的程序员可能会忘了这一点，直接从 1 开始排序直到 9，这样一来，程序就只会执行 9 个步骤，而非 10 个。1998 年的亚利桑那州，就是一个与上述类似的程序故障毁了一次乐透彩票的开奖。当时，第 9 个中奖数字迟迟未能出现。"我们忘了将它编入程序。"一位发言人承认道。

制定的纪年方式以 1 为开端。当时人们的思维模式仍停留在基数性与序数性的简单对等上——当然了，这也没什么大不了的，因为倘若他们的思想世界从未留下过 0 的足迹，那么，上述所说的一切问题就都不存在了。

无限虚无

> 世间并不存在完全的虚无，我们之所以觉得它是虚无，只不过是因为它既没有实质形态，而我们也无法对它下定义……
>
> 真实存在的推理结果使我坚信，只有剔除了所有具象的存在，我才能触摸到那不具形象的存在，但我做不到。
>
> ——圣·奥古斯丁《忏悔录》

　　我们很难怪罪修道士们的疏漏，因为狄奥尼修斯·伊希格斯、波伊提乌、比德他们生活的年代正为黑暗所笼罩，罗马帝国已分崩离析，而西方文明仿佛只是蜷缩于罗马昔日光辉中的一团阴影，未来难测，远比过去令人恐惧。这也就难怪，在探索智慧的道路上，中世纪的学者们很少与同辈结伴而行，反而喜欢回过头，向古代的智者，如亚里士多德或柏拉图等寻求灵感与慰藉。他们将古希腊、古罗马的许多哲学思想和科学理念引入欧洲，但同时也继承了古人们的偏见——对无限的恐惧和对虚无的畏怯。

中世纪的学者为虚无贴上了邪恶的标签，同时也为邪恶贴上了虚无的标签，比如，撒旦就是不存在的。波伊提乌做了如下推论：上帝是全知全能的，所以，上帝无所不能，同时，上帝又是全善的，因此，他不可能作恶，于是便能得到一个结论，邪恶是不存在的，即是虚无。在中世纪的思想者看来，这种说法完全合理，意义非凡。

然而，中世纪的哲学理论中，暗伏着一处矛盾。亚里士多德的哲学体系扎根于古希腊文明，基督教与犹太教的创世故事则源于闪米特人——而闪米特人并不畏惧虚无，在他们的创世神话里，在神创造天地之前，宇宙就是一片混沌虚空。神学家们，如生活在公元 4 世纪的圣·奥古斯丁，都曾试图为创世论做出解释，并将创世之前的混沌状态描述为"一种不具任何形象的东西"，它是什么也没有，"没有颜色、没有形状、没有肢体、没有思想，但不是绝无的空虚"。基督教学者的心底蔓生着对虚无的强烈恐惧，这恐惧压倒了一切，于是，他们尝试从各个角度解读《圣经》，力求与亚里士多德的哲学观点相符。

幸运的是，并非所有文明都对 0 心存忌惮。

第 3 章

ZERO: THE BIOGRAPHY OF A DANGEROUS IDEA

不入虎穴

0 的东进

"

哪里有无限，哪里就有乐趣。

有限毫无乐趣可言。

"

——《唱赞奥义书》

西方世界对 0 畏惧颇深，东方世界却欣然欢迎它的到来；0 在欧洲受尽冷眼，却在古印度以及后来的阿拉伯土地上绽放光彩。

上次回顾 0 时，它还只是一个占位符号，在古巴比伦计数系统中，它表示一个空位。它大有用处，但还不是一个真正意义上的数字，因为它不具有数值。它的意义是其左侧的数字赋予它的，如果单看 0 本身，它不具备任何象征意义。但在古印度，情况发生了翻天覆地的变化。

公元前 4 世纪，亚历山大大帝带领波斯军队从古巴比伦出发，远征古印度，就是在这场入侵中，古印度数学家第一次接触到古巴比伦计数系统，也第一次和 0 碰了面。公元前 323 年，亚历山大大帝逝世，在他死后，经过一系列混战，军中几位将领瓜分了亚历山大帝国的版图。公元前 2 世纪，古罗马崛起，横扫古希腊，不过，古罗马向东扩张的成果不如亚历山大辉煌，帝国的触角远未伸及古印度，因此，基督教的兴起，公元 4、5 世纪罗马帝国的衰亡，这些历史的风暴均未波及孤悬遥远东方的古印度。

古印度极少受到亚里士多德哲学的影响。尽管亚历山大大帝曾是亚里士多德的学生，毫无疑问，他也尝试过将亚里士多德的思想引入古印度，但古希腊哲学却从未在印度落地生根，更别提开花结果了。与古希腊不同，古印度人不仅从来没有惧怕过无限和虚无，而且正相反，对它们甚是欢迎。

虚无在印度教中占有重要地位。起初，印度教信奉多位神灵，即为多神教，教中流传着一系列有关神明战争的神话传说，在许多方面都近似于古希腊神话。不过，几个世纪之后——那时亚历山大大帝的铁骑尚未踏足古印度——神祇们的形象开始合并，一些当时盛行的宗教仪式以及对万神殿的供奉则得以保留，但此时的印度教已由"多神信仰"逐渐转向"主神信仰"的模式，其他所有神祇都只是梵天这位包罗万有的主神的部分化身，其核心教义也开始倾向于内省的客观唯心论。大约在同一时期，古希腊开始在西方世界崛起，印度教也与西方神话渐行渐远，教中神明身上的个体烙印渐渐褪去，整个宗教变得越发神秘，这种神秘主义带有明显的东方特质。

与其他东方宗教类似，印度教教义中处处充盈着"二元论"的思想。（当然了，这种观念间或也会在西方世界出现，但方才显露端倪，便立刻被人抨击为异端。其中摩尼教就是最好的例子，这个教派秉持二元论的思想，认为世界是由善与恶这两种平等而对立的力量统治的。）印度教学说中，创造与毁灭相互交融，与远东的阴阳对立观念和近东琐罗亚斯德[①]的善恶双重性思想有异曲同工之处。印度教中的湿婆神既是创造之神，也是毁灭之神。据文献所载，其右手持鼓，象征生命，左

---

① 古代波斯国国教拜火教之祖。

图 13：湿婆的舞蹈

掌托着火焰，象征毁灭（见图 13）。同时，湿婆还是虚无的象征。湿婆
（Shiva）的其中一个名号，Nishkala Shiva，其字面意思就是"没有部分"
（without parts）的湿婆。他是终极的虚空与至高的虚无——所谓的湿婆
神形象，只不过是这"非存在"的人格化身，并非生命体。宇宙万物恰
是生于虚空，无限亦是。和西方观点不同的是，印度教描绘的宇宙是广
袤而虚无的，而且，他们认为，在我们生存的这个宇宙之外，仍有无数
其他宇宙。

　　创世之前，宇宙是一片虚无；创世之后，虚无依旧存在。世间万

物始于虚无，人类的终极目标也是要归于虚无。有这样一个故事：死神向一个门徒讲述他关于灵魂的看法。"灵魂（Atman）、精神与自我都潜藏在人心深处。"他说道，"比最小的原子还要微细，又比广袤的空间还要浩瀚。"灵魂无处不在，是宇宙的组成部分，不生不灭，亘古永存。人死后，灵魂脱离肉体，进入下一具躯壳，这就是所谓的灵魂转世，生死轮回。印度教追求的最高境界，就是让灵魂摆脱从生到死又由死回生的世世轮回之苦，达到超脱。为了实现这种终极自由与解脱，人不能过多地关注现实世界的种种幻象，得摒弃物质世界的虚幻不实。"身体是灵魂的寄居之所，既能享受愉悦，又得承受苦痛，"神谕如此解释道，"一个人倘若完全受其身体支配，那么他永远都不可能摆脱轮回，进入超脱的自由之境。"但是，如果能将自身从肉体的虚妄中抽离出来，倾心感受与领悟灵魂的平静与虚无，那么，人就得以解脱，灵魂将挣脱人欲的尘网，汇入群体意识的洪流。这里所讲的群体意识指的是充斥弥漫于宇宙间的无穷灵魂，它无处不在，又无处可寻。这就是无限，这就是虚无。

可见，古印度社会总在积极地探讨有关无限与虚无的论题，因此，它对 0 的欣然接受也就不足为奇了。

0 的转世再生

> 在最远古的诸神时代，非存在中诞生了存在。
>
> ——《梨俱吠陀》

古印度数学家所做的远不止接纳 0 这么简单，他们对 0 进行了彻底的改造，把它的角色从一个单纯的占位符号转变为一个数字。正是这次转世再生，赋予了 0 强大的力量。

古印度数学的根基深植在时间中。一册书成于公元 476 年（这一年，罗马帝国陷落）的古印度文本中，真切展现了随着亚历山大大帝远征而进入古印度的古希腊、古埃及和古巴比伦数学的遗留痕迹。与古埃及类似，古印度也有人专门负责调查土地使用情况与规划寺庙建设。同时，古印度人亦没有放弃对天文学的探索，发展了一套复杂精妙的天文体系，他们怀揣着和古希腊人一样的期望，试图测算出地球到太阳的距离，而这需要三角法的知识，印度的三角法很有可能是在古希腊三角法的基础上发展而来的。

公元 5 世纪前后，古印度数学家改变了他们的计数方式，由古希腊风格转向古巴比伦模式，但古印度计数系统与古巴比伦系统也并非全无二致，其中最重要的区别在于，古印度计数系统是十进制，而古巴比伦系统采用的是六十进制。我们今天使用的数字实际上是脱胎自印度数字[①]，因此，按道理，我们应称呼现代数字为"印度数字"，而不是通常所说的"阿拉伯数字"（见图 14）。

古印度向古巴比伦位值制计数法转变的确切时间如今已不可考，对印度数字的最早文献记载来自公元 662 年一位叙利亚主教的手书，其中记述了古印度人是如何"使用 9 个符号"进行数学运算的——没错，是 9 个符号，而不是 10 个，显然，0 不在其列。不过，这种说法的准确性还有待考证。显而易见的是，在这位主教写下这份文书之前，印度数字已经广为传播，而且，有证据显示，到了那个时期，在古印度计数系

---

① 因此才有以下现象：Hindu Numerals 这一词语从字面意义理解应为"印度数字"，但在后来常被人译为"阿拉伯数字"。

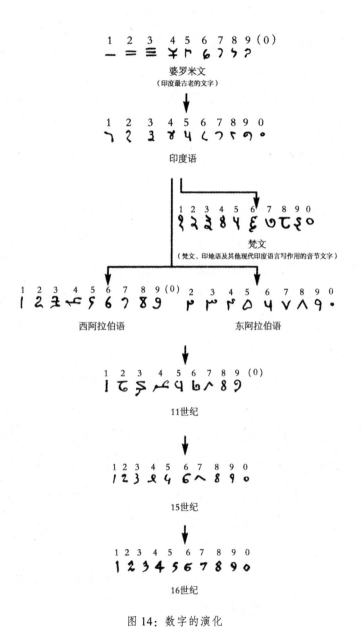

图 14：数字的演化

统的一些变体中已然能够看到 0 的踪迹，只不过是这位主教未有听闻罢了。不管怎样，可以确定的是，到了公元 9 世纪，0 的象征符号已经作为占位符在十进制计数系统中发挥重要作用。至此，古印度数学完成了一次巨大的飞跃。

古印度人很少借鉴古希腊的几何学，显然，他们不像古希腊人，对平面图形没多大兴趣，从未仔细思索过正方形的斜边长究竟是有理数还是无理数，也不曾像阿基米德一样，深入钻研过圆锥曲线的种种性质——但他们了解数字。

古印度的计数系统使他们能够在不借助算盘的情况下，运用一些小技巧来进行加减乘除的计算。由于古印度采用的是位值制计数法，大数目的加减运算和我们今天使用的方法大致相同，经过专门训练，人的计算速度甚至可以赶上算盘，珠算者与使用印度数字者之间的竞赛就是中世纪版的卡斯帕罗夫与"深蓝"电脑的对决①（见图 15），而使用印度数字进行计算的人就相当于"深蓝"计算机，将最终胜利收入囊中。

古印度计数系统对日常生活中的加减运算帮助甚大，但其真正影响还远远不止于此。在这片土地上，数字与几何学终于有了明显的区分，数字也不再只是作为测量物体的工具而存在。古希腊人处理平方数时，看见的是具象的正方形；进行乘法运算时，联想的是矩形的面积，古印度人则不然，他们窥见的是数字之间的相互作用，换句话说，他们剥离了数字身上被赋予的几何意义，回归数字本原——这就是我们今天所说的代数学（algebra）的由来。代数思想的确立使得古印度人难以为几何学添砖加瓦，但它产生了另一种出人意料的深远影响，帮助古印度人规避了古希腊思想体系的短板——对 0 的排斥。

---

① 1997 年 5 月 11 日，国际象棋世界冠军卡斯帕罗夫与 IBM 公司的国际象棋电脑"深蓝"进行六局对抗赛，整场比赛进行了不到一个小时，最终，"深蓝"赢得了这场具有特殊意义的对抗。

图 15：珠算者与使用印度数字者

一旦数字挣脱开几何意义的束缚，数学家也就不必再纠结于数学运算背后的几何含义是否合理这个问题了。人们无法从 2 英亩[①]大的土地中划割出 3 英亩作为农田，但可以随意地从 2 中减去 3，今天的我们对这个运算再熟悉不过了：$2-3=-1$。不过，对于古人来说，这是一件相当费解的事情。多少次，他们解开方程式，得到的结果竟是一个负数，于是他们便下结论道，这个答案毫无意义可言。毕竟，若从几何学的角度看，负数又能代表得了什么呢？因此，在古希腊人看来，它不具有任何实质意义。

古印度人则认为，负数意义重大。负数最早出现在古印度及中国。公元 7 世纪，古印度数学家婆罗门笈多提出了一些除法的运算法则，其中就包括负数。他写道，"正数除以正数、负数除以负数，得到的结果都是正数"，又有"正数除以负数，结果为负；负数除以正数，结果亦为负"。这些规则至今可用，现代数学也认同：只要两数符号相同，其相除结果为正。

既然 $2-3$ 可以代表一个数字，那么 $2-2$ 也同样可以——它就是 0。此时的 0 不再只是一个单纯的占位符号，单单代表算盘上的一个空位；此处的 0 是一个数字，有特定的数值，在数轴上拥有不可撼动的一席之地。由于 0 等于 $2-2$，那么它的位置就应在 1（$2-1$）与 -1（$2-3$）之间，这是唯一合理的安排，0 不可能如电脑键盘上的顺次那样位于 9 的右侧，它在数轴上有自己的专属位置。就像一个计数系统不可能没有 2 一样，一条完整的数轴也不能没有 0。0，终于作为一个数字，正式登上了历史的舞台。

不过，在古印度人眼中，不管从哪个角度看，0 都是一个很怪异的数

---

① 1 英亩约等于 0.405 公顷。

字。0 乘以任何数，结果都为 0；它就像一个旋涡，吞纳并同化了一切。更为甚者，若将 0 当作除数进行计算，一切都会乱了套。婆罗门笈多曾试图弄明白 0÷0 与 1÷0 究竟等于多少，但都失败了。"0 除以 0，依旧等于 0，"他写道，"正数或负数除以 0，都只能表示为一个分数，0 为分母。"换句话说，他认为 0÷0＝0（显然，这是错的），至于 1÷0，他的表述模棱两可，并不明晰。基本上，他已经无奈地与这个问题挥手作别了。

婆罗门笈多的错误并没有持续很长时间。古印度人及时地醒悟过来，发现 1÷0 其实就是无限。"以 0 为分母的分数是一个无穷量。"巴斯卡拉这位生于 12 世纪的古印度数学家如是写道。他还描述了 1÷0 加上一个数字会是什么结果："不会有任何更改，也许会添加或萃取出一些东西，但其本质不会改变，因为在无限及永恒的上帝面前，改变是不可能发生的。"

于是，在无限与 0 中，我们发现了上帝的存在。

阿拉伯数字

> 难道人类已经忘了，我们是从一片虚无中创造了他们？
>
> ——《古兰经》

到了公元 7 世纪，随着罗马的衰亡，西方文明也渐呈凋敝之势，与此同时，东方文明却日臻兴盛。古印度文明正稳步发展，但在另一个东方文明的衬托之下，竟有些黯然失色。西方世界的星光正缓缓没入地平线，东方却有一颗新星冉冉升起，那就是伊斯兰文明。伊斯兰文明从印度汲取了关于 0 的知识，最后，再将其传播至西方。0 的崛起之路起于东方是一种必然。

公元 616 年的一个夜晚，穆罕默德，一位 30 岁的麦加人，在希拉山洞内独自沉思。据传说，天使加百列给他下了一个简短的命令："诵念！"穆罕默德闻言照做，由此获得了神明的启示，圣言很快便传播开去，犹如野火燎原。公元 632 年，即穆罕默德逝世后的第 10 年，他的追随者们相继攻占了埃及、叙利亚、美索不达米亚及波斯，耶路撒冷这座被犹太教与基督教奉为圣城的城市，也随之陷落。到了公元 700 年，伊斯兰的版图已向东扩张至印度河，向西延伸至阿尔及尔。公元 711 年，穆斯林攻陷西班牙，随后又向前推进至法国；公元 751 年，又在东方击败了中国。此时，穆斯林帝国的征服之路已比亚历山大大帝走得更加辽远。后来，沿着通往中国的道路，他们来到了古印度，然后征服了印度。就是在此，阿拉伯人接触到了古印度计数系统。

穆斯林擅长将所征服民族的智慧吸收为己用。学者们很快着手将各地各类文献翻译为阿拉伯文，公元 9 世纪时，哈里发阿尔-马蒙在巴格达建立了一座名为"智慧之馆"的宏大图书馆，成为当时东方世界的学问中心，在此工作的首批学者中，就有著名数学家穆罕默德·本·穆萨·阿尔·花剌子米。

阿尔·花剌子米写有多本重要著作，比如《积分和方程计算法》（*Al-jabr wa'l-muqabalah*）。此书是第一本解决一次方程及一元二次方程的系统著作，书名中的 **Al-jabr** 意为"移项完成后"，代数学（Algebra）一词即由此而来。他还有一本关于印度数字的著作，此书推动了新计数系统在阿拉伯世界的快速传播，同时，还推广了算法（algorithms）——一种基于印度十进制计数法的快速算术方法。事实上，算法（algorithm）一词正是花剌子米（Al - Khwarizmi）的拉丁文译名。尽管这种计数法是阿拉伯人从印度引进的，但世人还是赋予了它"阿拉伯数字"这一称谓。

"zero"（0）这个词是印度风格与阿拉伯特色的杂糅。阿拉伯人采用印度数字，同时也便接受了 0。印度语中称 0 这个数字为 sunya，意为"空的、空虚的"，阿拉伯人将它译成 sifr。一些西方学者向学生描述这个新数字时，又把 sifr 转译成拉丁文发音的词语 zepbirus，而它就是 zero 的词源；其他一些西方数学家没有对 sifr 一词做太大改动，只是发音上有细微变化，读作 cifra，后来又演变为 cipher。由于在新的数集中，0 地位显要，举足轻重，于是人们开始将所有数字统称为 cipher，法语中"chiffre"（数字）一词便源于此。

阿尔·花剌子米有关印度数字系统的论著成书时，距离西方世界正式接纳数字 0 尚有一段漫长的时日。即便是在东方传统占主流的穆斯林世界，亚历山大大帝文化征服的余威尚在，亚里士多德思想依旧影响深远。印度数学家已清楚阐明，0 就是虚无的集中体现，因此，若要真正接受 0，就得先把亚里士多德搁置一旁——穆斯林就是这么做的。

摩西·迈蒙尼德，12 世纪的犹太学者，他读到伊斯兰教神学家的教义诠释，旋即飙出一身冷汗。他注意到，亚里士多德的上帝论并未受到穆斯林的认可，反而是亚里士多德思想的老对手——原子论得到了穆斯林的推崇。原子论自诞生以来便受人冷落，但它依旧在时间洪流的冲刷摧残中，顽强地生存了下来。先前我们已提到，原子论者认为，世界是由不可再分的微小粒子，即原子组成的；原子与原子之间必然存在虚空空间，原子方可自由移动，不然，粒子会相互推挤，无法动弹。

穆斯林接纳了原子论的主张，毕竟，数字 0 已近在咫尺，虚空自然又成为一个可以接受的概念。亚里士多德憎恶虚空，虚空却是原子理论不可或缺的重要一环；《圣经》讲，万物的创造始于虚无，古希腊学说却驳斥了这种可能性的存在。基督教徒臣服于古希腊哲学的强大威严，选择投向亚里士多德，而非《圣经》，与此同时，穆斯林却做出了与之相反的抉择。

我是自有永有的：虚无

> 虚无亘古永在……人类有限的思维永远无法理解或看穿它，因为它与无限共存。
>
> ——赫罗纳的阿兹拉

0 象征着一种全新教义的崛起，象征着对亚里士多德的批判，象征着对虚无与无限的认同。随着伊斯兰教势力的扩散，0 在穆斯林世界迅速传播。亚里士多德的思想与这个世界格格不入，伊斯兰学者们进行了艰难反复的思想斗争，最终，在公元 7 世纪，穆斯林哲学家，艾布·哈米德·阿尔·安萨里郑重宣布，声援亚里士多德学说者，死！争辩之声从此绝迹。

0 会引发如此大的争论其实并不出人意料。穆斯林拥有闪米特人及东方文化背景，他们坚信，上帝自一片混沌虚无中创造了世间万物，但是，对于亚里士多德的拥趸们来说，对虚无与无限的恨意已压倒一切，他们无论如何都不可能认同这样的信条。0 在阿拉伯大地蔓延开去，穆斯林最终接纳了它，抛弃了亚里士多德。下一个就该轮到犹太人了。

数千年来，犹太人深深扎根于中东的土地，到了 10 世纪，犹太人迎来了向西班牙进发的契机。哈里发阿卜杜勒·拉赫曼三世 ① 的一位犹太部臣从巴比伦尼亚引进了一批犹太知识分子，很快，一个人数众多的犹太社区便在伊斯兰教治下的西班牙开始蓬勃发展。

中世纪早期，不管是移居西班牙的犹太人，还是留守巴比伦尼亚的犹太人，大多是亚里士多德的坚定追随者。与他们的基督教同伴一样，犹太人拒绝相信无限和虚无的存在，但是，亚里士多德哲学体系不仅和伊斯兰教旨互相冲突，同样与犹太教的宗教体系不相兼容。这促使迈蒙尼德这位 12 世纪的拉比 ② 写下了一册大部头著作，以调和来自东方、具有犹太族特质的《圣经》与源自西方、深刻影响欧洲的古希腊哲学间的矛盾冲突。

迈蒙尼德从亚里士多德那里学会了如何通过否定无限来证明上帝的存在。他虔诚地跟随着古希腊哲学的脚步，主张围绕地球运转的天体一定受到外力的推动，比如来自外层天体的推动力，而外层天体也必然受到更外一层的天体推动，但是，天体数量并非无限（因为无限是不可能存在的），最外层的天体又是受何力而运动的呢？答案只有一个——上帝。

迈蒙尼德的推论确实能够"证明"上帝的存在——无论在什么宗教体系，这一点都无比重要。然而，《圣经》和其他犹太传说中却又处处充斥着无限与虚无的身影，而且，对这两个概念，穆斯林业已欣然接

---

① 西班牙科尔多瓦的第八位埃米尔（912—929）和第一位哈里发（公元 929 年起），后倭马亚王朝（白衣大食）最伟大的统治者。
② 拉比（rabbi）：指犹太宗教领袖，尤指有资格传授犹太教义，或精于犹太法典的犹太教堂主管。

纳。迈蒙尼德与800年前的圣·奥古斯丁思路相仿，曾试着通过重塑犹太圣经，使其符合古希腊学说——一种对虚无怀揣着过度恐惧的哲学思想。但不同的是，早期基督徒允许自己将《圣经·旧约全书》中的部分内容解读为一种暗喻，迈蒙尼德却不愿将他信仰的宗教完全希腊化，拉比传统迫使他必须接受《圣经》中宇宙起源于虚无的说法。这就意味着，与亚里士多德的矛盾冲突将避无可避。

迈蒙尼德认为，亚里士多德对宇宙总是永恒存在的证明中，有一些瑕疵。毕竟，这与《圣经》所载并不相符，而需要靠边站的自然是亚里士多德。亚里士多德对虚空的概念嗤之以鼻，迈蒙尼德却郑重写下，创世之举源自虚无（creatio ex nihilo）。随着这浓墨重彩的一笔挥毫，虚无摇身一变，从亵渎神明之说走向了圣坛。

在犹太世界，迈蒙尼德死后的数年间成了虚无的时代。13世纪，一种新兴主义开始传播开来——犹太神秘主义（Jewish mysticism），或直译为卡巴拉（Kabbalism）。神秘主义的中心主题之一，是探求隐藏在《圣经》文本中由希伯来文写成的编码信息。与古希腊人相似，希伯来人采用字母表中的字母来代表数字，因此，每一个词语都具有相应的数值，而这一点可被利用来解读文字背后的隐含意义。比如，海湾战争参与者们可能会注意到，Saddam（萨达姆）一词代表的数值为666，其具体计算过程为：samech（希伯来语字母表的第十五个字母，代表数值60）+ aleph（希伯来语字母表的第一个字母，代表数值1）+daled（希伯来语字母表的第四个字母，代表数值4）+aleph（1）+mem（希伯来语字母表的第十三个字母，代表数值600）=666，对于基督徒而言，一听到这个数字，立即就会联想到出现于天启时代的邪恶野兽。（在犹太神秘主义者看来，并无必要细究"saddam"一词中究竟是包含一个还是两个字母daled，毕竟，为了得到令人满意的数值结果，他们经常改换词语的拼写。）神秘主义者认为，数值相同的单词或短语之间往往具有一种神秘的联系。比如，《圣经·创世记》第 49 章第 10 节中写道："圭必不离犹大……直到细罗来到。"希伯来语的"直到细罗来到"这一短句的数值为 358，与希伯来语中的"弥赛亚"（meshiach）一词的数值正好相等，因此，这段文字预示着弥赛亚的降世。在神秘主义支持者眼中，某些特定数字内涵丰富，或神圣，或邪恶，他们通览《圣经》，寻找这些数字，并从不同角度对相应文本进行解读，以揭露其背后的隐藏信息。近期的一本畅销书《圣经密码》，就是采用了这种方法去探究《圣经》中的预言。

卡巴拉主义者所做的远不止数字运算与解读那么简单，一些学者认为，这一神秘传统的犹太主义与印度教具有惊人的相似之处。比如，卡巴拉主义者主张上帝具有二重性特点，他们认为，"无限"（希伯来语为 ein sof）象征了上帝作为创世者的神性一面，他创造了宇宙，并弥散在宇宙的各个角落，亘古永存；同时，这个词语还有另外一个名字——虚无（希伯来语为 ayin）。无限与虚无相伴相生，同为神圣创世者的一部分。更加奇妙的是，"ayin"还是"aniy"一词的变位词（这意味着，它们两者数值相同），而在希伯来语中，"aniy"是"我"的意思。至此，神的旨意已然明了——"我即虚无"。我即无限。

在犹太人将西方思维与东方《圣经》正式对立起来之时，基督教世界也正在经历着同样的挣扎困斗。在公元 9 世纪的查理曼大帝统治时代以及 11 至 13 世纪的十字军东征期间，基督徒与穆斯林的战争从未停歇，与此同时，武僧、学者和贸易者们开始将伊斯兰思想带回西方。修道士们发现，阿拉伯人发明的手持星盘可在夜里准确追踪时间，有助于他们按时祈祷，而星盘上镌刻的大多是阿拉伯数字。

尽管 10 世纪的一位罗马教皇西尔维斯特二世对这些数字赞慕不已，

但它们还是未能在西方流行开来。他可能是在某次访问西班牙时接触到了阿拉伯数字，并把它们带回了意大利，不过，他学习的那个版本并没有 0，如果有 0，想必这套数字系统就更难在西方推广传播了。当时的教会依然深受亚里士多德的影响，固执地将无限大、无限小和虚无拒之门外。即使是到了十字军东征即将结束的 13 世纪，圣·托马斯·阿奎那仍旧声称，正如上帝无法创造出一匹博古通今的骏马，他同样无法创造出无限，但是，这就意味着上帝不是无所不能的——在基督教的神学理论中，如此想法无疑是大逆不道的。

1277 年，巴黎的主教埃蒂安·坦普埃尔召集了一帮学者讨论亚里士多德学说，或者更准确地说，是讨伐亚里士多德学说。坦普埃尔将亚里士多德思想中与上帝全知全能矛盾的部分一一废止，比如，"上帝无法使天体进行直线运动，因为那样必会留下一片虚空"。（旋转的球形天体就不会引发类似的问题，因为它们仍旧占据同样的空间，但是，倘若天体沿直线运动，就必然存在一个空间容其前进，而天体前移之后，也必定会留下一个空间。）只要上帝想要，他就能创造出一片虚空，因为全知全能的上帝并不需要遵照亚里士多德定下的规则行事——倏忽间，虚无找到了它的立足点。

坦普埃尔的声明还不足以击垮亚里士多德思想，但毋庸置疑，亚里士多德思想体系的根基业已动摇。教会对亚里士多德的依附还将持续几个世纪，然而，亚里士多德思想的衰落与无限及虚无概念的崛起已是不可逆转的趋势。12 世纪中期，阿尔·花剌子米的《积分和方程计算法》刚流传至西班牙、英格兰及欧洲的其他地区，这个时期正适合 0 进入西方世界。正如教会已开始试图挣脱亚里士多德思想的桎梏，0 也终于迈开了脚步，踏上了这片土地。

0 的胜利

> 　　这本是一个意义深远的重要概念，但我们一直忽略了它的真正价值，轻视了它。它纯粹明了，极大地简化了我们的算法，使数学成为人类最有用的发明之一。
>
> 　　　　　　　　　　　　——皮埃尔·西蒙·拉普拉斯

　　起初，基督教义并不情愿对 0 敞开胸怀，但贸易活动需要它。比萨的列昂纳多（读者也许会更加熟悉他的另一个名字——斐波那契）的父亲是一位来自意大利的商人，就是他将 0 再度引入西方。某次，他游历至北非，在那里，这位年轻人向穆斯林讨教数学知识，很快他便学有所成，成为一名优秀的数学家。

　　斐波那契在 1202 年出版了一部名为《计算之书》（*Liber Abaci*）的著作，在此书中他犯了一个小小的错误，不承想，却被人惦念至今。假设一名农夫养了一对刚出生的兔子，兔子在出生两个月后就具有繁殖能力，一对兔子每个月能生出一对小兔子来，如果所有兔子都不死，并重复同样的繁殖周期，那么，该如何计算在某个给定月份农夫总共拥有多少对兔子呢？

　　是这样的，在第一个月，农夫拥有一对兔子，因为此时它们还未达到性成熟，所以无法繁殖。

　　第二个月，农夫依旧只有一对兔子。

到了第三个月，这对兔子能够生小兔子了，于是，农夫有了两对兔子。

第四个月伊始，第一对兔子再次繁殖，但第二对兔子还未具有繁殖能力，所以，农夫总共有三对兔子。

再下一个月，第二对兔子已具有生育能力，但第三对兔子还未长大，所以只有前两对兔子生了小兔子，现在统共有五对兔子。

兔子的对数递推如下：1，1，2，3，5，8，13，21，34，55，……而某给定月份的兔子对数就是前两个月的兔子对数之和。数学家们很快就意识到了这个数列的重要性。取数列中的任意一项，除以它之前的一项，即8/5＝1.6，13/8＝1.625，21/13＝1.61538……这些比例越来越逼近一个十分有趣的数字——黄金分割，即1.61803……

毕达哥拉斯曾留意到，自然万物似乎都受到黄金分割的支配。斐波那契则发现，这个数列可对此做出解释。鹦鹉螺的腔室面积、菠萝上顺时针果眼和逆时针果眼的数量都遵循此数列，这就是它们之间的比例往往接近黄金分割的原因。

这个数列的发现令斐波那契声名大振，但《计算之书》还有一个远比探究动物繁殖更为重要的用途。斐波那契师承穆斯林，所以，他对阿拉伯数字，包括0，了解颇深。他在《计算之书》中介绍了这个新的数字系统，并由此将0引入欧洲。书中展示了阿拉伯数字系统如何简便地处理复杂运算，于是，从善如流的意大利商人和银行家们很快将这个数字系统收为己用——自然也包括0。

在阿拉伯数字广泛运用之前，收银员只能借助算盘或计数板。德国人称计数板为"Rechenbank"，这就是今日"银行"（bank）一词的由来。当时的银行业处理业务的方式极其简陋，除了计数板，理货筹码（tally sticks）也是他们用来记录借贷数目的工具：在木棍两头分别写上

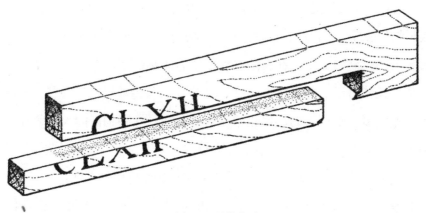

图 16：理货筹码

款项数目，然后一分为二（见图 16），贷方，即出钱方保存较大的那一部分木棍作为凭证 [1]。

　　意大利商人对阿拉伯数字钟情不已，有了它们，银行就可以摆脱笨拙的计数板了。商人体会了它们的便利，但当地政府对其恨之入骨。1299 年，佛罗伦萨正式禁止使用阿拉伯数字，给出的表面理由是这些数字太容易遭人篡改。（比如，只要轻轻添上一画，0 便成了 6。）然而，0 和其他阿拉伯数字带来的方便不可能就此轻易抹除，意大利商人仍坚持使用它们，甚至利用它们编写加密信息——这就是 "cipher"（原始意义为 0）一词会衍生出 "密码"（secret code）之意的缘由了。

---

[1]　这种理货筹码存在大量问题。直到 1826 年，英国财政部都仍在使用理货筹码的某种改进版本进行记账。查尔斯·狄更斯详细描述了这种落后记录方式引发的后果："1834 年，人们发现，记录有款项数目的理货筹码已然堆积如山，那么，问题来了，对于那些早被虫鼠啃咬得破败不堪的木棍，人们该如何处理？木棍储放在威斯敏斯特，任何稍有智慧的人都能想到，最简单的处理方式就是让那些住在附近的人把木棍拿回家当成柴火烧掉，真是一举两得。但是，威斯敏斯特的官员们从来都是指望不上的，每天的例行公事已经僵化了他们的思想。于是，命令下达了：秘密烧掉木棍。秘密焚烧的地点是英国上议院某处的一个火炉，这些荒谬可笑的木棍数量实在太多，挤满了火炉，没想到，火焰过盛竟点燃了镶板，后来火势蔓延至下议院，上、下两院就这样在烈焰中化为灰烬，只能择址重建。而我们也由此付出了上百万英镑的代价。"

最终，在商界的压力下，政府只能服软，承认了阿拉伯计数法在意大利的合法地位，很快，这种计数系统便风行整个欧洲。0 终于来了——虚无自然也翩然而至。在穆斯林和印度教的影响下，亚里士多德筑成的思想长城出现了道道裂痕。到了 15 世纪，作为亚里士多德昔日最坚定的追随者，欧洲人的心底也不免疑窦丛生。坎特伯雷的大主教托马斯·布雷德沃丁曾试图反驳亚里士多德思想的老对手——原子论，但同时，他又对自己遵循的以几何为基础的逻辑思维持怀疑态度。然而，对抗亚里士多德的战争还远未结束。如果亚里士多德的思想堡垒倒塌了，那么他对上帝存在的证明也就不再有效，而上帝的存在是保证教会地位的最重要屏障。因此，提出一种新的证明方式势在必行。

更糟糕的是，倘若宇宙无限，也就不存在所谓中心了，换句话说，地球又怎么可能是宇宙的中心呢？——答案就蕴藏在 0 中。

第 4 章

ZERO: THE BIOGRAPHY OF A DANGEROUS IDEA

虚无而无限的上帝

神学中的 0

> 新哲学使一切受到怀疑：火元素熄灭了，没有了痕迹，太阳也被抛诸一旁；而地球，人类的智慧已无法引领我们走向它的所在；一切事物的连续性都消失了，分崩离析；所有恰到好处的互动与关系：王子、臣民、父亲、儿子，都已被遗忘。

——约翰·多恩《世界的解剖》

0 与无限就是文艺复兴风暴的中心。随着欧洲大地从黑暗时代的阴翳下渐渐苏醒，虚无与无限——空无与一切——也迎来了携手摧毁教会的亚里士多德思想根基、引领科学走向革命之路的时机。

最开始时，罗马天主教会并没有嗅到逼近的危险气息。高阶层的牧师也开始尝试采用虚无与无限的概念，尽管它们会对教会视若珍宝的古希腊哲学形成强烈冲击。0 的身影出现在文艺复兴时期的每一幅画作中，甚至有一名红衣主教公开宣称，宇宙是无边无际——无限的。然而，欧洲大陆与 0 和无限的热恋期并没有持续很久。

教会终于感觉到了危机，于是它果断转身，退回到亚里士多德思想这座守卫了它许多年的堡垒中。然而，为时已晚。0 已经在西方站稳了脚跟，羽翼丰满，教会的抗议也无法再次将它驱逐流放。亚里士多德倒在了无限与虚无的脚下，关于上帝存在的证明也难逃此命运。

教会的眼前只剩下最后一条路：接受 0 与无限。而对于虔诚的教众来说，在无限与虚无的重峦叠嶂中，同样能够寻觅到上帝的存在。

问题的解决

> 上帝啊！倘若不是因为我常做噩梦，那么即使把我关在一个果壳里，我依然可以自诩为无限宇宙的主宰者。
>
> ——莎士比亚《哈姆雷特》

在文艺复兴伊始，0 对教会的威胁尚不明显。它只被人当作艺术的一门工具，一种引领文艺复兴时期视觉艺术的无限虚无。

15 世纪之前的绘画作品大多平乏无味，暮气沉沉，画中描绘的多是扭曲失真的二维平面景象，比如巨大扁平的骑士在矮小畸形的城堡中往外张望（见图 17），即便是当时顶级的画家也难以描摹出逼真的场景——因为他们不懂得如何运用 0 的力量。

向世人展示无限之 0 的威力的第一人叫菲利波·布鲁内列斯基，他是一名来自意大利的建筑师，他利用灭点（vanishing point）创作了一幅写实画作。

图 17：扁平的骑士与畸形的城堡

按照维度概念的定义，0 维度空间就是一个点。日常生活中处处都是三维物体（爱因斯坦认为，我们所处的世界实际上是一个思维空间，在下一章节将对此进行详述），梳妆台上的时钟、清晨你喝的那杯咖啡或是你现在正在阅读的这册书，它们都是三维的。现在假设有一只巨大的手正重重地朝着书本拍下，把它压得扁平，于是，这个立体的三维物体瞬间变成了一个瘪平绵软的四边矩形，它失去了一个维度，降为二维，也就是说，它没有了高度，只剩下长与宽。你再发挥一下想象力，假设那只巨大的手把已经变为二维矩形的书本推向一侧立起来，然后又一次重重地压扁它，此时，书本已然从矩形变成了一条直线，再次失去了一个维度，降为一维，也即没有了高与宽，只剩下长度。只要你想，你甚至可以把剩下的这个维度一并夺走，只须沿着直线的方向将它压扁成一个点，一个没有长宽高、无限小且不占任何空间的点。因此，点就是 0 维空间。

1425 年，布鲁内列斯基绘制了一幅画作，描摹的是佛罗伦萨的一座著名洗礼堂。他在画的中心放置了一个点——这个 0 维的物体即是灭点。这个帆布上的无限小的点代表一个距离观察者无限远的地点（见图 18），画上的物体越往里退，离这个点就越近，离观察者就越远，受到的压缩程度就越大，只要距离足够远，一切事物——包括人、树、建筑——都可以被压缩成一个 0 维的点，然后消失。画作中心位置的这个 0 蕴藏了一片无垠的空间。

这个明显矛盾的物体仿佛有一种魔力，令布鲁内列斯基的作品看上去与真实三维的洗礼堂建筑竟相去无几。布鲁内列斯基真的拿了一面镜子去对比画作和建筑，画作的反射镜像严密契合建筑的几何建构。二维的画像却真实地模拟出了三维的建筑，这一切都要归功于灭点。

0 与无限接连于灭点，这绝非偶然。正如乘以 0 的运算会让整条数轴瓦解剩一个点，灭点也能让宇宙的大多数地方落于一个小点上。这就是奇点（singularity），往后，这个概念会在科学史上获得举足轻重的地位，但是，在布鲁内列斯基所处的那个时代，数学家对 0 的性质的了解比艺术家也多不了多少。事实上，15 世纪的艺术家都是业余的数学家。达·芬奇写了一本如何运用透视法绘画的指导手册，并在另一本也与绘画有关的书里提醒道："如果你不是数学家，那就请你合上这本书。"这

图 18：灭点

些既精通数学又擅长绘画的人完善了透视图的绘制技巧，能够在很短时间内描摹出任何物体的三维形象，从此，艺术家的作品不再局限于平面画像。0 改变了整个艺术世界。

毫不夸张地说，0 就是布鲁内列斯基画作的核心所在。教会也对 0 与无限有所涉猎，尽管其教义仍旧依附于亚里士多德思想。一个名为尼古拉斯·库萨的德国红衣主教与布鲁内列斯基是同时代生人，他曾凝望无限，而后敏锐地断言："地球不是宇宙的中心。（Terra non est centra mundi.）"当时的教会还未意识到这是一个多么危险而又多么具有革命性的观点。

除了对虚空的禁忌，亚里士多德思想中还有另一个必须坚守的信条——地球是独一无二的，并且，它是宇宙的中心。正是地球处在宇宙中心这一特殊位置，它才能成为唯一一个适合生灵繁衍生息的星球，这正是亚里士多德所说的，"万物都在寻找适合自己的位置"。重的物体，如岩石或人类，属于地；轻的事物，如空气，就属于天。这不仅意味着，高悬天际的各个星球是由轻若空气的事物组成的，它还说明了，任何身处天空的人都会落在地球上，因此，生命只能栖息在位处果壳宇宙中心的那颗果仁上。认为其他星球上也存在生命是和认为世上存在具有两个中心点的球体一样愚蠢的想法。

坦普埃尔认定，只要上帝愿意，全知全能的他必定能够创造出虚空，同样，上帝也能打破亚里士多德规定的任何法则；只要他想，他可以在任意星球播下生命的火种，宇宙中也可能存在成千上万个物种繁多、与地球类似的天体。这是上帝固有的能力，不以亚里士多德认同与否为转移。

尼古拉斯·库萨大胆地推断，上帝一定是这么干的。"其他恒星所在的区域应与我们身处的环境相似，因为我们坚信，它们拥有定居者的权利并没有受到剥夺。"无穷计的恒星散落天际，行星发出幽微光芒，为什么那些天体不能是另一星系中的太阳、月亮呢？我们仰望星空，窥见群星闪烁，也许地球也正在它们头顶的天空中散逸着光辉。库萨确信，上帝具有创造无穷个世界的能力，而且，他已然付诸行动。不过，教会并没有把尼古拉斯宣判为异端教徒，也没有对他提出的全新论述做出回应。

与此同时，有另一个尼古拉斯把库萨的哲学改造成了科学理论。尼古拉斯·哥白尼旗帜鲜明地指出，地球并非宇宙的中心，它和其他行星都围绕太阳运转。

哥白尼是一位来自波兰的神父和内科医师，他精通数学，懂得计算星象表，在当时，人们认为这对病人的痊愈有利。此时的哥白尼对恒星、行星只是小有涉猎，他发现，古希腊追踪天体运行轨迹的系统相当繁复。托勒密总结的"地球中心论"以及各天体如钟表装置般均衡运动的规律确实非常精确，但实在是太过繁冗了。天体在天空终年运转，但人们观测发现，天体的运行有一种忽前忽后、时快时慢的现象。为了解释天体的怪异行迹，托勒密提出了"本轮"（epicycles）的概念，在他的宇宙模型里，行星循着本轮的小圆运行，而本轮的中心则循着另一个大圆绕地球运行，这种模型可以解释行星的向后运动，或者说逆行运动（retrograde）（见图19）。

　　哥白尼学说的魅力在于它的简洁。过去，人们将地球置于宇宙中心，天体运行则要遵循各式"本轮"①，而哥白尼将它们通通抛诸脑后，他假设太阳才是宇宙的中心，行星循着简单的圆周运行；行星的向后运动也是由于地球运动引起的，是因为地球赶超了它们，因此并不需要"本轮"的概念。尽管哥白尼的系统并不能与观测资料完全吻合，因为他提出的行星沿圆轨道运行是错误，但它已经比托勒密的宇宙模型简洁了许多。地球围绕太阳运行。

　　尼古拉斯·库萨和尼古拉斯·哥白尼撬开了亚里士多德与托勒密宇宙模型的球形外壳。地球不再安坐于宇宙中心，包裹着宇宙的最外层球壳也就不复存在了。宇宙疆域绵延无穷，无数世界散落其中，每一个都栖身着神秘的生物。然而，如果罗马教廷无法将权威延伸至其他太阳系，他们又该如何理直气壮地自称是唯一真正教会的所在呢？其他星球上真的有其他教皇吗？天主教会的前景相当严峻，别说其他星球了，就连自己身处的这个世界，他们都已麻烦缠身。

　　1543 年，在教会开始采取行动严禁新学说的前夕，病榻上的哥白尼

---

① 在以后的许多世纪里，大量的观测资料累积起来了，只用托勒密的"本轮"不足以解释天体的运行，这就需要增添数量越来越多的"本轮"。后代的学者致力于这种"修补"工作，使托勒密的体系变得越来越复杂，每个行星需要不止一个本轮，总数达 80 个以上的"轮上轮"。

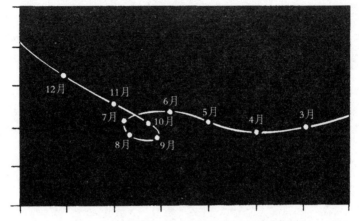

火星的逆行运动（实际运行轨迹）

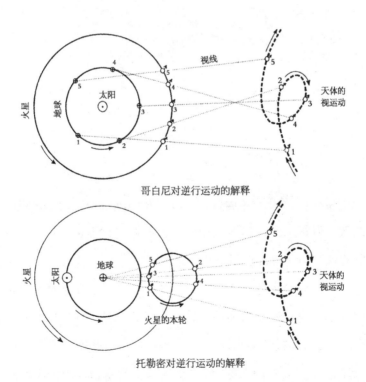

哥白尼对逆行运动的解释

托勒密对逆行运动的解释

图 19：本轮、逆行运动与日心说

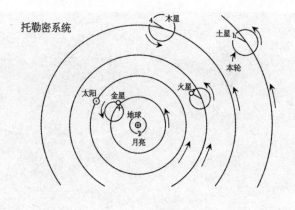

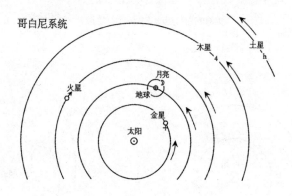

图 19 续：本轮、逆行运动与日心说

出版了他的皇皇巨著《天体运行论》（*De Revolutionibus*），并将此书献给当时的教宗保禄三世。然而，教会受到了抨击，于是，对亚里士多德提出质疑的各个新学说都再无安身之地。

对教会的正面攻击始于 1517 年。那一年，一位深受便秘之苦的德国修道士写下了他对教会的种种不满，并将其钉在了威登堡教堂的大门上。（路德的便秘症极富传奇性，一些学者认为，路德关于宗教神学的灵感与启示会在如厕时涌入脑海。"他从恐惧的压迫性束缚中的解放与他肠道的释放相对应。"一条评论如是说。）宗教改革的序幕就此拉开，各地的知识分子开始奋起反抗教宗的权威。到了 16 世纪 30 年代，为了皇位的有序继承，亨利八世一脚踢开罗马教廷，宣布自己成为英格兰的最高宗教领袖。

天主教会必须做出反击。尽管在之前的几个世纪里，教会也尝试引用过其他哲学理论，但是，一旦感受到分裂的危险，教会就又走回了正统论的旧路。所谓正统论，指的是亚里士多德对上帝存在的证明和以亚里士多德理论为标杆的一系列哲学思想，如圣·奥古斯丁、波伊提乌等人的理论。红衣主教和牧师们再也无权对这些古代思想提出质疑，0 成了异端邪说，人们必须接受裹挟在球状外壳里的宇宙模型，虚无与无限自然也受到了严酷的镇压。耶稣会（the Jesuit order），一支训练有素的知识分子队伍在 16 世纪 30 年代正式成立，他们旨在传播上述天主教义并攻击新教。教会对付异端教义的手段还不止于此：1543 年，西班牙宗教裁判所开始用火刑处死新教徒；同年，哥白尼逝世，教宗保禄三世发布了一份禁书名册。反宗教改革运动是教会为了重建旧秩序与摧毁新思想而做出的努力。一个在 13 世纪就为大主教埃蒂安·坦普埃尔所认同、在 15 世纪为红衣主教尼古拉斯·库萨所接纳的观念却在 16 世纪成了死刑的代名词。

这便是乔尔丹诺·布鲁诺的不幸命运。16 世纪 80 年代，曾是多米尼克修道院正式僧侣的布鲁诺出版了名为《论无限、宇宙与众世界》的书作，他与尼库拉斯·库萨所持观点相似，在书中宣称，地球不是宇宙的中心，并且，宇宙中存在着无数与我们栖身的地球相似的世界。1600 年，他被烧死在火刑柱上。1616 年，翻版哥白尼——极负盛名的伽利略被教会勒令停止手头的科学研究；同年，哥白尼的《天体运行论》被正式列入禁书名单。此时，抨击亚里士多德就是在攻击教会。

尽管教会推行的反宗教改革运动声势浩大，但是，新兴哲学也没有那么容易被摧毁，反而在哥白尼的继承者们的研究推动下，随着时间的推移愈发强大。17世纪初叶，另一位占星家修道士，约翰尼斯·开普勒重新订正了哥白尼的理论，使它在精确度上进一步超越了托勒密的天文体系。他认为，包括地球在内的行星并不是循着圆形轨道绕太阳运行的，应该是椭圆形轨道；而且，他极其精准地解释了天空群星的运行规律，从此，再没有人敢认为日心说是比地心说低一等的学说。开普勒的宇宙模型比托勒密的更加简洁、精准。纵然教廷激烈反对，但一切都阻挡不了开普勒日心学说的流行普及，原因很简单，因为开普勒是对的，而亚里士多德错了。

教会企图用旧有的思想弥缺补漏，但是，不管是亚里士多德还是地心说，抑或是封建社会的生活方式，都已经遭受了致命性动摇，哲学家们认为理所应当并相信了一千多年的一切事物均深陷怀疑的泥潭。对于亚里士多德思想体系，人们再也做不到深信不疑，但也不能全盘否认。那么，还有什么是千真万确的呢？——真的没有了。

0 与虚无

> 在某种意义上，我是介于上帝与0之间的一种存在。
>
> ——勒内·笛卡儿《方法论》

0 与无限是16、17世纪哲学论战的焦点。虚无动摇了亚里士多德哲学，宇宙无疆的观点又将那层包裹宇宙的球状外壳击得粉碎，地球也不再是上帝造物的中心。虽然天主教会垂死挣扎着企图拒斥 0 的存在，但它已逐渐失去对教徒的绝对掌控，此时，虚无概念的发展比以往任何时候都要强劲，0 也扎稳了根基，渐渐深入人心。即便是最忠诚于教会的耶稣会也难免在旧的亚里士多德思想与新的涵括了 0、虚无、无穷大、无限等概念的哲学之间进退维谷，左右为难。

勒内·笛卡儿受过耶稣会的训练，因而，他也常在新旧思想间犹疑徘徊。他排斥无限，却又将它放在其世界的中央位置。1596 年，笛卡儿在法国中部的一座城镇呱呱坠地，在即将到来的岁月里，他将把 0 放在数轴的中心位置，还将在虚无与无限中寻找上帝存在的证据。然而，笛卡儿无法完全拒却亚里士多德的思想，对无限的恐惧在他心底萦回不去，因此，他拒不承认无限的存在。

与毕达哥拉斯一样，笛卡儿也是一个精通数学的哲学家。在他留给后人的馈赠中，影响最深远的或许是我们今天称之为笛卡儿坐标的这项数学发明，在高中学过几何学的人应该不会对它们感到陌生：写在括号里的有序数对，代表空间中的一个点。比如，（4，2）这个坐标就代表向右四个单位以及向上两个单位交会的那个点。那么，又是在何物的右侧和上方呢？是原点，也就是 0（见图 20）。

笛卡儿发觉，两条参考线（坐标轴）不能始于数字 1，因为那样会导致一个错误，这个错误比德在修订历法时也曾遇到过。不过，与比德不同的是，笛卡儿所处的时代阿拉伯数字早已普遍化，因此，他可以由 0 开始算起。0 在坐标系的最中心位置，也就是两条坐标轴的交会处安然就位，原点（0，0）是笛卡儿坐标系的根基。（笛卡儿采用的表示法与我们今天通用的有稍许差别，比如，笛卡儿未将坐标系拓展到负数，不过此后不久，他的同事便会替他完成这一工作。）

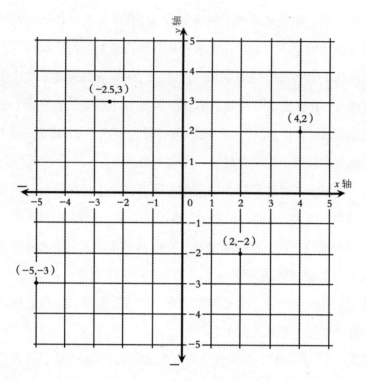

图 20：笛卡儿坐标系

笛卡儿很快就领略到了他一手创造的这个坐标系的威力。他利用坐标系将图案与形状转换为数字与方程式；通过笛卡儿坐标，每一个几何图形（包括正方形、三角形、曲线等）都能够以方程式的形式呈现，即以数学关系解析几何。比如，方程式 $x^2+y^2-1=0$ 可以表示以原点为圆心、1 为半径的圆形上的所有点；方程式 $y-x^2=0$ 则代表一条抛物线。在笛卡儿的引领下，数和形从此便走到了一起，西方的几何艺术和东方的代数思想不再分立而治，它们相互融合，成为一体，每一个几何图形都能够简洁地用形式为 $f(x,y)=0$ 的代数方程表示（见图 21）。0 位处坐标系的中心位置，悄然地潜隐在每个几何图形的身后。

在笛卡儿眼中，上帝的疆域里同样隐匿着 0 与无限的身影。旧时的

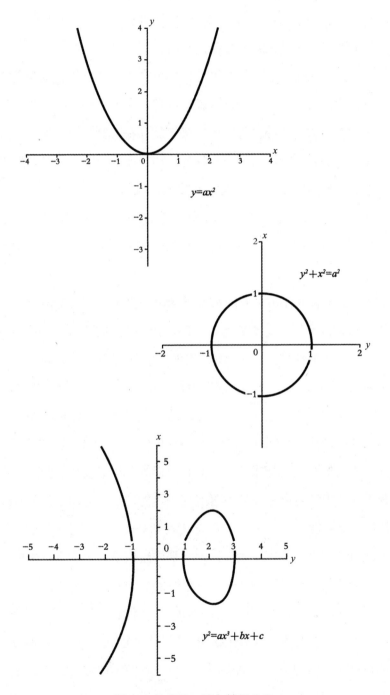

图 21：抛物线、圆与椭圆曲线

亚里士多德教条已摇摇欲坠，对耶稣会一向忠实的笛卡儿也开始尝试着用0与无限来取代原来的上帝存在证明。

笛卡儿的思路与古人相差无几，他也认为，没有什么东西是能够被凭空创造的，知识也不例外，这就意味着，所有思想，包括哲学、想法及未来的发明创造，都已经与生俱来地储存在人类的大脑中，如同一部刻印完备的法典，指导着宇宙万物的运作，而人类学习进步的过程就是逐步揭露这部法典的过程。笛卡儿提出，既然我们有这样一个天赋的、完满无限的观念，那么这个无限而完满的实体——即上帝——必然存在。其他实体则居于神之下，皆为有限，介于上帝与0之间，是无限与0的结合体。

然而，尽管0在笛卡儿的哲学思想中一再出现，但是笛卡儿至死都坚持，虚无，即终极的0是不存在的。作为反宗教改革运动的接班人，他恰是在教会最倚仗亚里士多德哲学的时候，接触并深入地学习了这一理论体系，因此，深受亚里士多德熏陶的笛卡儿坚决不承认虚空的存在。

笛卡儿陷入了进退维谷的两难境地。他自然不会忽视因彻底抵制虚空而引致的形而上学问题，在晚年，关于原子和虚空他这样写道："它们陷入了不可调和的自相矛盾，因而它们根本不可能发生。但是，人们也不该否认，上帝可以将一切不可能变为可能，换言之，上帝拥有改变自然法则的绝对能力。"与中世纪的学者前辈一般，笛卡儿也笃信，任何事物都不可能做真正的直线运动，因为那样会留下一个虚空；相反，宇宙万物是沿着循环路径运动的——一个弥散着浓烈的亚里士多德气息的观点。不过，亚里士多德很快就要跌落神坛，将他一把拉下的正是虚空。

时至今日，老师都常教授孩子，"自然憎恶真空"，尽管他们并不十分清楚这个习语的来历。事实上，它是"真空（即虚空）并不存在"这一亚里士多德思想的延伸，暗指如若有人妄图创造真空，大自然便会竭尽其能地阻止它发生。然而，有一个人成功创造了真空，彻底推翻了这个说法，他就是伽利略的助手埃万杰利斯塔·托里拆利。

意大利的工人常使用一种类似大型注射器的抽水泵从运河和水井抽水，抽水泵的水管一端有一个紧贴的活塞，另一端则置于水中，活塞提起升高，管里的水位也随之升高。

伽利略听一个工人抱怨说，这些抽水泵都有一个问题，就是它们只能够抽起大约 33 英尺高的水，之后，无论活塞如何向上提动，水位都不会再上升。这个现象很是奇怪。伽利略把这个问题抛给了他的助手托里拆利，于是托里拆利着手进行实验，试图揭开抽水泵的水位限制之谜。1643 年，托里拆利在一根单头密闭的玻璃管中灌满水银，然后将开口的一端倒插进装有水银的水槽里。如果托里拆利是在空气中倒置水银管，结果显而易见，管中的水银必定尽数倾出，而空气会快速填补空缺，不会造成真空状态。但是，当玻璃管倒插入水银槽，空气是无法进入玻璃管的，倘若大自然确实憎恶真空，此时管中的水银应该保持原位，以免真空产生，然而，水银并未保持原位，而是下落少许，并在管内顶部留出了空间。那么，在那个空间中的是什么东西呢？什么也不是，什么也没有。这是人类历史上第一次创造出实在可见的真空。

不管托里拆利如何改变玻璃管的尺寸与容积，玻璃管中水银柱的垂直高度总保持在 30 英寸不变，一旦到达这个定点，水银便不再下落。换言之，在对抗顶部真空的“战斗”中，水银柱只能升高 30 英寸，大自然对真空的憎恶充其量也就只有这短短的 30 英寸了。至于其中的缘由，将留待一位笛卡儿反对者来揭开。

1623 年，彼时的笛卡儿 27 岁，正值壮年，而他未来的反对者，布莱士·帕斯卡，方才 0 岁。帕斯卡的父亲艾基纳是一名小有所成的科学家和数学家，帕斯卡继承了父亲的聪敏才气，很年轻时就发明了一种被后人命名为"帕斯卡"（Pascaline）的机械式加法器，与电子计算器问世之前工程师使用的机械式计算机颇为相似。

帕斯卡 23 岁那一年，他的父亲在冰面上滑倒，摔断了大腿，之后，他受到一群詹森教派信徒的悉心照料，教徒们很快就赢得了帕斯卡全家的支持与爱戴。詹森教派隶属天主教，对耶稣会敌意极深，帕斯卡在他们的熏陶下，也由此成为一名耶稣会以及反宗教改革的反对者。其实，帕斯卡皈依的这门信仰并不适合像他这样的年轻科学家。这个教派的创始人詹森主教宣称，科学是罪恶的，对自然世界的好奇与淫奢欲望无异。好在帕斯卡对科学的奢求渴望暂时压过了他对宗教的炽热信仰，使他得以运用科学揭开遮罩着真空的那层神秘帷幕。

约莫就在帕斯卡家族转变信仰的那段时间，艾基纳的一位军人工程师朋友上门拜访，并为他们重复演示了托里拆利的实验，布莱士·帕斯卡不禁着迷其中，当即动手设计并进行实验。他分别试验了水、酒精及其他液体，实验成果集结为《关于真空的新实验》一书，于 1647 年出版问世。此书仍未对先前遗留的核心问题做出解答，即为何水银只会升高 30 英寸、水只会升高 33 英尺？当时的科学家依然试图挽救将倾的亚里士多德哲学大厦，认为大自然对真空的惊惧是"有一定限度的"，它只能摧毁有限数量的真空。帕斯卡却萌生了一个截然不同的想法。

1648 年仲秋，帕斯卡仅凭直觉，便嘱托他的妹夫带着一根灌满水银的玻璃管上山，到了山顶，水银的垂直高度竟然显著下降到了 30 英寸以下（见图 22）。难道大自然在山顶受到的真空的侵扰竟比在谷底微弱？

帕斯卡认为，这个看似离奇的反应恰恰证明了，绝不是大自然对真空的憎恶迫使玻璃管内的水银上升，而是大气作用在管外水银面上的压力令管内的液体沿着管壁攀升。大气会对水槽中与空气接触的液体面（水银、水、酒精等，所有液体都不例外）产生压强，令管内液面上升，就和轻

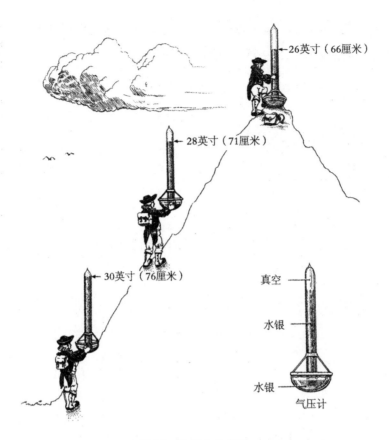

图 22：帕斯卡的实验

轻挤压牙膏管底部就能把牙膏挤出管口一个道理。而在山顶，大气稀薄，产生的压强也随着减弱，所以无法使水银上升至 30 英寸的高度。

其中的微妙之处在于：真正起作用的并非真空的吸引力，而是大气的压力。帕斯卡的简单实验彻底摧毁了亚里士多德宣称的"自然憎恶真空"的观念。帕斯卡写道："但是至今无人接受这个观点，即自然从未对真空怀揣抵触，也未曾试图阻止真空出现，它可以毫不费力、毫无抵抗地接纳真空。"亚里士多德节节败退，科学家对虚空的恐惧逐渐消散，并由此开始了对它的探索之旅。

　　帕斯卡这位虔诚的詹森教派信徒也试图从 0 与无限中探求上帝存在的明证，但他采用的是一种对神明十分不敬的方式。

神圣的赌注

　　"人在自然界中到底是个什么呢？对于无限而言就是虚无，对于虚无而言就是全体，是无和全之间的一个中项。"

　　　　　　　　　　　　　　　——布莱士·帕斯卡《思想录》

　　帕斯卡既是科学家，也是数学家。在科学层面，他探索真空，也即虚无的本质；在数学层面，他参与创建了一个全新的分支学科——概率论。在把概率论与 0 和无限结合起来的那一刻，他找到了上帝。

　　概率论兴起的初衷是为了帮助富裕的贵族阶层在赌博中赢钱。帕斯卡的理论取得了巨大的成功，但他的数学生涯没有持续太长时间。1654年 11 月 23 日，帕斯卡经历了一次强烈、直击灵魂的精神体验[1]。或许是因为詹森教派反对科学的教义早已潜移默化地在他的心底埋下了种子，又或许是其他缘故，但无论如何，帕斯卡在宗教热忱的引领下，已然踏

---

[1]　1654 年 11 月 23 日夜间，对于帕斯卡来说是一个充满神迹的时刻，他乘坐的马车突然出现了事故，而他却幸免于难，由此他心神难安，对基督教的真谛若有所得，仿佛听到了上帝的召唤，于是立志献身上帝。帕斯卡把自己的志愿写成了一篇充满激情的祷文，缝在衣服内衬里。

上了背离数学与科学的道路（其间也有短暂的例外，是在四年之后的某天，帕斯卡受疾病困扰，难以入眠，于是便起身进行数学研究，而疼痛竟有减缓之势，帕斯卡由此坚信，这个迹象说明他的研究工作并未引起上帝的不悦）。他摇身成为一名神学家，但离经叛道的过去始终深刻地影响着他，甚至是在证明上帝存在这一问题上，他也忍不住频频回眸，将眼光定格在愚钝的法国赌徒身上。帕斯卡认为，相信上帝是最好的选择，因为这是一次胜率很高的打赌。

就像先前计算赌博中的概率或是数学期望（expectation）问题一样，帕斯卡开始分析评估将上帝当作救世主的期望值。在 0 与无穷大的数学运算的帮助下，帕斯卡最终得出结论，人们应该相信上帝是存在的。

在研究上帝这个赌约之前，我们先来分析另一个稍有不同但较为简单的打赌。假设有两个信封，分别标记为 A 和 B，然后通过投掷硬币来决定在哪个信封里装钱：若正面朝上，则在信封 A 里装入一张崭新的 100 元美钞；若背面朝上，则往信封 B 装钱——但这次装入的可不止 100 美金，而是 1,000,000 美金！如果你是赌徒，你会选择哪个信封？

显而易见，大家都会选信封 B，因为它的价值更大。其中的数学原理可用概率论中的期望值来解释，期望值衡量的是我们对每个信封价值的期望。

信封 A 中也许有 100 美金，也许没有；它本身具有一定的价值，因为它里边可能有钱，但其价值肯定不可能高至 100 美金，因为谁都无法百分之百确定里面装有钞票。数学家将信封 A 中可能有的钱数乘以其概率，然后将每个可能性的结果相加：

赢 $0 的概率为 1/2　　1/2 × $0　= $0

赢 $100 的概率为 1/2　1/2 × $100 = $50

―――――――――――――

期望值　= $50

数学家可得出，信封 A 的期望值为 50 美金。同时，信封 B 的期望值为：

赢 $0 的概率为 1/2　　　　1/2× $0　　= $0

赢 $1,000,000 的概率为 1/2　1/2 × $1,000,000 = $500,000

―――――――――――――

期望值　　= $500,000

因此，信封 B 的期望值是 500,000 美金，是信封 A 的期望值的 10,000 倍。结果不言而喻，聪明人都会选信封 B。

帕斯卡提出的赌约与这个小游戏可以说是异曲同工，只不过帕斯卡设置的是另一套信封：基督徒与无神论者。（事实上，帕斯卡只分析了选择成为基督徒的情况，不过无神论者的情况是其逻辑延伸。）为了论证的需要，我们暂且假设神存在的概率是 50%。（帕斯卡所指的神自然是基督上帝。）选择基督徒的信封就相当于自愿成为一名虔诚的基督徒，假如你选择了这条道路，眼下便有两个可能性：如果上帝不存在，那么在你死后，你将灰飞烟灭，沦入虚无；但如果上帝存在，你将升入天堂，在极乐中永生——你获得的为无穷大。因此，成为一名基督徒的期望值是：

沦入虚无的概率为 1/2　1/2 × 0　= 0

极乐永生的概率为 1/2　　1/2 × ∞　= ∞

―――――――――――――

期望值　= ∞

无穷大的一半依然是无穷大，因此，成为一名基督徒的期望值为无穷大。假若你选择成为一名无神论者，结果又如何呢？如果你做出了正确的选择，上帝确实不存在，那么你将一无所得；但是如果你的选择出了纰漏，上帝是存在的，你将永远坠入无间地狱——你获得的为负无穷大。因此，成为一名无神论者的期望值为：

沦入虚无的概率为 1/2　　1/2 × 0　= 0

堕入地狱的概率为 1/2　　1/2 × (-∞) = -∞

———————————————

期望值　= -∞

负无穷大，没有比这更糟糕的结局了。明智之人自然会投向上帝的怀抱，而非振臂高呼无神论。

不过，我们先前预设的前提是，上帝存在的概率为 50%。倘若上帝存在的概率只有 1/1000 呢？结果又会如何？此情况下成为一名基督徒的期望值为：

沦入虚无的概率为 999/1000　　999/1000 × 0　= 0

极乐永生的概率为 1/1000　　　1/1000 × ∞　= ∞

———————————————

期望值　　= ∞

仍旧是无穷大。而成为一名无神论者的期望值依然是负无穷大，于是，上帝依旧是较优选择。就算上帝存在的概率低至 1/10,000、1/1,000,000，甚至更低，最后的结果也不会有什么不同。仅有一个例外，那就是 0。

假如上帝不可能存在，帕斯卡提出的赌约便毫无意义，因为那样的话，成为基督徒的期望值会变成 0 × ∞，而这是一个无用的数据。上帝存在的概率是 0——没有人会乐意将类似的话宣之于口。多亏了 0

与无限的魔力，帕斯卡才能得出这样的结论：不管秉持的是哪个学派的哪种观点，相信上帝永远是最佳选择。帕斯卡当然知道该在哪个信封上押下重注，他悠悠转身，抛下助他赢得这场豪赌的数学，朝着上帝，走去了。

第5章

ZERO: THE BIOGRAPHY OF A DANGEROUS IDEA

无穷个0与无神论数学家

0与科学革命

> 随着无穷小与无穷大的引入，一向循规蹈矩的数学也失足误入了歧途。
>
> 数学曾经具有绝对适用性、不可争辩的确证性的童贞状态一去不复返，论战不休的国度出现了，我们甚至到了这样一种境地：几乎人人热衷微分与积分，却不是因为他们明白他们正在做的事情，而是出于纯粹的信任，只因至今得出的结果总是正确的。
>
> ——弗里德里希·恩格斯《反杜林论》

0 与无限颠覆了亚里士多德哲学，充斥着虚空的无限宇宙击碎了原先覆裹着它的坚果状外壳，推翻了传统的"自然憎恶虚空"论。古代智慧被抛诸脑后，科学家开始探索支配万物运转的法则。然而，在科学革命的进程中，依旧横亘着一个难题：0。

科学世界掌握了一个崭新的有力工具——微积分，但其核心处存在一个悖论。通过除以 0 及叠加无穷个 0，艾萨克·牛顿和戈特弗里德·威廉·莱布尼茨发明了微积分这一有史以来最强大的数学模型。这两个数学运算看似与 1＋1＝3 一样不合逻辑，微积分的核心思想是对数学逻辑的公然挑战，接受它标志着一次信仰的飞跃，于是，科学家们纷纷起立，纵身一跃，因为他们知道，微积分就是自然的语言。为了完全掌握这门语言，科学必须攻克无穷个0这一难题。

<h2 style="text-align:right">无穷个 0</h2>

> 欧洲思想浑浑噩噩地昏睡了一千年之久，此刻终于睁开惺忪睡眼，摆脱基督教神父精心哄喂的安眠药粉的强力药效。首先恢复活力的就是无限。
>
> ——托拜厄斯·丹齐克《数字：科学的语言》

芝诺的诅咒在数学界的上空盘桓了两千多年，阿基里斯追逐乌龟的步伐似乎已经注定永远无法停下。芝诺的简单谜题里暗藏着无限的影迹。阿基里斯无穷无尽的脚步困住了古希腊人，尽管阿基里斯的步幅逐渐趋向于0，可古希腊人从未想过可把无限分割的部分累加起来，毕竟当时他们的头脑中尚没有0的概念，自然难以想到将步幅为0的脚步一一叠加。幸好，西方世界一对0抛出橄榄枝，数学家们立马着手驯化无限，纳为己用，以此为阿基里斯的赛跑之旅画上一个句点。

虽然芝诺的数列是由无数个项组成的，但是我们可以将所有的步伐累加起来，而结果依然处在有限的疆域内：$1+1/2+1/4+1/8+1/16+\cdots=2$。将无限的项一一累加并得到一个有限的结果，第一个做到这一点的是 14 世纪的英国逻辑学家理查德·苏伊塞斯，他取一个无穷数列：1/2, 2/4, 3/8, 4/16, …, $n/2^n$, …，并为其求和，得到的结果等于 2。数列中的数字越来越趋近 0，人们自然会猜想，它们的相加结果会是有限数字。可惜，无限绝非如此简单。

在苏伊塞斯奋笔疾书之时，一位法国数学家尼古拉斯·奥雷姆也把探索的目光投向了无穷数列的求和问题，他研究的是所谓的调和级数（harmonic series）：

1/2＋1/3＋1/4＋1/5＋1/6＋…

与芝诺数列和苏伊塞斯数列类似，此数列中的所有项也越来越趋近 0。不过，当奥雷姆尝试为数列求和时，他发觉，运算的总数会越来越大，尽管数列中的个项趋向 0，但其总和却朝往无限。他把各项聚合分组：1/2＋（1/3＋1/4）＋（1/5＋1/6＋1/7＋1/8）＋…第一组显然等于1/2；第二组大于（1/4＋1/4），或者说 1/2；第三组则大于（1/8＋1/8＋1/8＋1/8），或者说 1/2；并以此类推。无休止地为 1/2 加上 1/2，再加上1/2，总和必然越来越大，并趋向无穷。尽管个项自身确实正不断趋近于 0，但它们趋近于 0 的速度不够快。换言之，即使无穷数列个项趋近0，其总和也可能发散于无穷大。然而，这还不是无穷求和的最奇妙之处。对于无穷大的奇异特质，0 自身也未能免疫。

看看以下这个数列：1－1＋1－1＋1－1＋1－1＋1－…不难得出，这个数列的总和为 0，因为（1－1）＋（1－1）＋（1－1）＋（1－1）＋（1－1）＋（1－1）＋…就相当于 0＋0＋0＋0＋0＋0＋…，后者显然等于0。但是，请注意！如果我们以另一方式梳理排列数列：1＋（－1＋1）＋（－1＋1）＋（－1＋1）＋（－1＋1）＋（－1＋1）＋…，那么它就等同于 1＋0＋0＋0＋0＋0＋…，结果不言自明，等于 1。将无限个 0 相加求和，竟能同时得出两个截然不同的答案——0 和 1。意大利神父圭多·格兰迪甚至以此作为例证来证明，上帝可以从茫茫虚无（0）中创造出宇宙万物（1）。事实上，这个数列可以等于任何数。比如，我们完全可以令其等于5，只要让数列从5+（−5+5）而不是1+（−1+1）开始。

数字项的无穷叠加可能产出怪异且自相矛盾的结果。有时，数字项不断趋近于0，其求和结果是一个正常的有限整数，如2或53；有时却发散于无穷。而且，无穷个0的无限相加竟然能同时得出各异的结果。无穷（或无限）通身散发着诡异的气息，却无人知晓究竟该如何处置。

幸好，物质世界不似数学世界那般难以参透。在现实生活中，大多数时候，无穷事物的求和似乎都能找到相对理想的解决办法，比如测量一桶葡萄酒的体积等。

1612年是葡萄酒发展史上具有标志性的一个年份。约翰尼斯·开普勒，这位提出天体是循着椭圆轨道运行的科学家，在这一年，将探索的目光定格在了盛满葡萄佳酿的酒桶上，因为他发觉，葡萄酒商和制桶工人估测酒桶体积的方式极其粗陋，于是，他决定出手相助。他在脑海中把酒桶分解成无数个无穷小的碎片，然后再把它们重新组装起来，并以此计算它们的体积。这个方法看似落后，其实暗藏机巧。

为了更好地理解它，我们不妨暂且把三维物体搁置一旁，先从二维物体如三角形入手。图23中的三角形底边和高均为8，其面积为底边与高的乘积的一半，即32。

现在，我们在三角形内画上许多小矩形，试着用这个方法来测算三角形的面积。第一次尝试中，我们得到一个面积为16的矩形，与实际面积还相距甚远；第二次尝试时情况好了许多，我们画了三个矩形，总面积为24；第三次试画的面积为28，离实际结果又近了一步。正如你所见，随着矩形越画越小，即它的宽度（用符号 Δx 表示）逐渐趋向

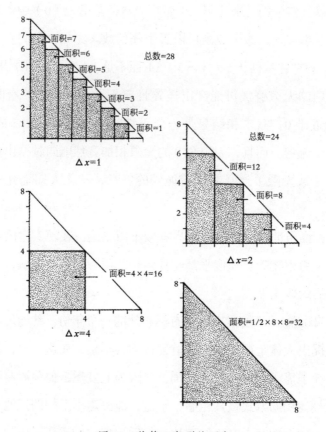

图 23：估算三角形的面积

0，得出的总面积也越接近三角形的真实面积 32。〔这些矩形的总面积相当于 $\sum f(x)\,\Delta x$，古希腊语中 $\sum$ 表示适当范围内的求和，$f(x)$ 则代表矩形围成的曲线的方程式。现代符号系统中，若 Δx 趋向 0，我们就用一个新的符号 $\int$ 来替代 $\sum$，再用 $\mathrm{d}x$ 替代 Δx，将方程式转写为 $\int f(x)\,\mathrm{d}x$，而这就是积分。〕

酒桶的体积研究隐没在开普勒的众多科研成果中，籍籍无名，但开普勒以三维思维将酒桶切割成无数平面，又将它们重新归总的做法至少说明了，他无惧直面以下这个尖锐的问题：当 Δx 趋近于 0，其求和就相当于无数个 0 相加——一则结果注定毫无意义的运算。开普勒对这个问题不予理会，尽管从逻辑的角度看，无穷个 0 的求和结果是无用数据，但它可能产出正确的答案。

开普勒不是唯一一个将物体切割成无穷细碎部分的杰出科学家，伽利略也曾仔细考虑过无穷大和无穷小的问题，且认为这两个概念业已超出我们的有限认知，他这样写道："前一个是因为其庞大的量级，后一个则是因为数值太小。"无限的疆域迷雾茫茫，却无碍伽利略感受它们的力量。"想象一下，这两者的结合体会是什么？"伽利略很是好奇。他的学生博纳文图拉·卡瓦列里为这个问题提供了部分解答。

卡瓦列里切割的不是酒桶，而是几何对象。在卡瓦列里的眼中，一切具有面积的图形，比如三角形，都是由无数条宽度为 0 的线段组成的，而一切具有体积的实体，就是由无数高度为 0 的平面组成的，这些线段和平面如同组成面积与体积的原子，不可再分。正如开普勒把酒桶切割成细薄平面测量其体积，卡瓦列里把无数个不可除尽的 0 叠加求和，测算几何物体的面积或体积。

卡瓦列里的观点令几何学家十分困恼，因为无数条面积为 0 的线段的叠加并不能生成一个二维的三角形，同样，无数个体积为 0 的平面也无法累加出一个三维的结构。归根结底还是同一个问题：在逻辑上，无数个 0 是没有意义的。可是，卡瓦列里的方法却总能得出正确的答案。数学家把逻辑与哲学的问题抛诸一旁，不予理会，埋头进行无穷个 0 的求和运算，特别是在无穷小（infinitesimals）一举解决了存在已久的切线（tangent）问题之后，他们更加坚定了信念。

切线指的是一条刚好与曲线轻触的直线。任意一条涌流于空间的平滑曲线上的任意一点都存在一条与它将将擦过的直线，换言之，此直线

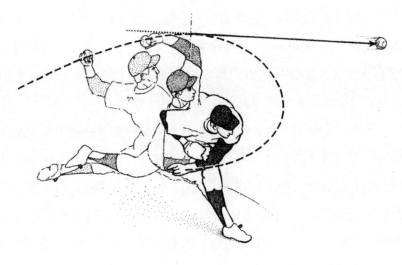

图 24：沿切线飞出

只与曲线相触于一点，这条直线就叫切线。数学家察觉到，它在有关运动的研究中具有不可或缺的重要地位。比如，倘若绕着头部挥舞一颗拴在细绳上的小球，不难想象，小球一定是做圆周运动；此时，如果突然剪断绳索，小球将沿着切线方向飞出；同样，一位棒球投手的胳膊沿圆弧状运动，做投掷动作，在他松开小球的那一瞬间，小球也将沿着切线方向飞出（见图 24）。再比如，若要确定小球在山谷底的落点，就必须找到抛物线上切线方向平行于水平面的那一点。切线的陡斜程度，即其斜率（slope），在物理学上同样具有举足轻重的地位。比如，假设某一条曲线代表的是一辆自行车的位置，那么通过该曲线上任意一点的切线斜率，可以断定自行车经过该点时的速率。

因此，许多 17 世纪的数学家，如埃万杰利斯塔·托里拆利、勒内·笛卡儿、法国人皮埃尔·德·费马（因费马大定理扬名于世）、英国人伊萨克·巴罗，他们都自创了不同的方法计算曲线上点的切线。和卡瓦列里一样，他们也与无穷小不期而遇了。

为给定点画切线，最好的办法是先凭猜测做一条直线：在给定点附近选定另一点，并连接两点，此时得到的这条直线还不是切线，不过，如果这条曲线的起伏不是很大，那么这条直线应该与切线十分接近，随着两点之间的距离不断缩近，仅凭猜测而做出的近似直线也越来越逼近切线（见图25）。当两个点最终重合，切线旋即显露真容，近似法大获成功。当然，还有一个问题亟待解决。

直线最重要的性质就是它的斜率，科学家通过观测直线在一定距离

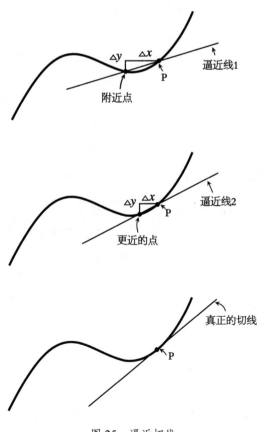

图 25：逼近切线

内上升的高度来测定这一数据。比如，想象你正开着车在山路上往东奔驰，你每往东一英里，所处的海拔高度就上升半英里，那么这座山的坡度就等于你升高的高度（0.5 英里）与你水平方向前进的距离（1 英里）之比，此时数学家会告诉你，这座山的坡度就是 1/2。直线的斜率测量也大致相同。确定直线的斜率时，只须测量直线在给定的水平距离内（数学家将其表示为 Δx）上升的高度（表示为 Δy），而 $\Delta y/\Delta x$ 就是直线的斜率。

当你着手尝试计算切线的斜率，0 会呼啸而过，将先前所提的近似逼近法碾碎殆尽。随着切线的近似直线越来越逼近切线，曲线上用来确定近似直线的两个点也会越来越靠近，这就意味着它们之间的高度差（Δy）正趋近于 0，它们之间的水平距离（Δx）亦是如此，于是，$\Delta y/\Delta x$ 也趋近于 0/0。然而，0 除以 0 可以等于世间存在的一切数值，难道切线的斜率是毫无意义的吗？

数学家们的研究一旦涉及无穷大或 0，"不合逻辑"这座大山便会从天而降，横亘在他们跟前。为了算出酒桶的体积和各类曲线围成的面积，数学家们把无数个 0 叠加求和；为了求得曲线的切线，他们用 0 去除以它本身。0 与无穷大令原本十分简单的作切线与求面积显露出了自相矛盾的一面。这些困扰与难题之所以不会沦为点缀数学史的趣味脚注，只因——无穷与 0 正是了解自然的关键所在。

0 与神秘的微积分

> 若我们撩开面纱，细细端详，就会发现潜藏其下的大量空虚、黑暗与混乱；如果我没有弄错，它们应是完全自相矛盾与不可救药……它们既不是有限量，也不是无穷小量，亦不是0。难道"已死量的幽灵"不是对它们最准确的称呼吗？
>
> ——贝克莱主教《分析师》

切线问题和面积测量问题都与无穷量和0面临的困境息息相关，这并不奇怪，因为切线问题与面积测量问题本质上是相通的，都与微积分有关。微积分威力之强大是人类之前发明的其他所有科学工具都无法企及的。比如，望远镜赋予了科学家寻找月亮和行星的能力，而微积分则为科学家提供了表达天体运行法则以及排列方式的途径。微积分是大自然的语言，其结构与机理布满了0和无限的踪影，然而，这门新生工具面临的最大威胁恰恰来自0和无限。

微积分的首位发现者还没来得及呼吸一口清甜的空气就差点夭亡短折。1642年的圣诞夜，艾萨克·牛顿艰难地来到这个世界，由于早产，新生的牛顿瘦小得可以装进1夸脱（约0.95升）的马克杯中。牛顿出生前两个月，他的农夫父亲却因故离世了。

尽管童年悲惨[①]，母亲也不支持他的科学追求，只希望他成为一名农夫，但牛顿在 17 世纪 60 年代考入剑桥大学，开始了他辉煌的学术生涯。短短几年间，他就成功建立了一套解决切线问题的系统方法，能够算出任意曲线上任意一点的切线。这个计算过程就是现在我们熟知的微分，即微积分的前半部分内容，不过，牛顿发明的微分法与我们今日通用的微分看起来大不相同。

牛顿发明的微分法是以一种他称为"流量"（fluents）的数学表达式中的流数（fluxions）为基础的。以如下这一方程式为例：

$$y = x^2 + x + 1$$

在这个方程式中，y 与 x 就是流量，而且牛顿认为 y 与 x 是随着时间的变化而变化（或者说流动）的，它们的改变速度（流数）则分别表示为 $\dot{y}$ 与 $\dot{x}$。

牛顿的微分法基于一种计数上的小花招：他允许流数动态变化，但把它们变化的程度限定在无穷小，换言之，他不赋予流数变化的时间。牛顿的微分表示法中，在 x 改变为 $(x+o\dot{x})$ 的那一瞬间，y 也随着变为 $(y+o\dot{y})$。（字母 o 表示流逝的时间量，正如我们所见，这个字母与 0 十分相似，但又不全然相同。）此时，方程式变为：

$$(y+o\dot{y}) = (x+o\dot{x})^2 + (x+o\dot{x}) + 1$$

将 $(x+o\dot{x})^2$ 展开可得：

$$y + o\dot{y} = x^2 + 2x(o\dot{x}) + (o\dot{x})^2 + x + o\dot{x} + 1$$

移项整理可得：

$$y + o\dot{y} = (x^2+x+1) + 2x(o\dot{x}) + 1(o\dot{x}) + (o\dot{x})^2$$

由于 $y = x^2 + x + 1$，所以可将方程式左侧的 y 与方程式右侧的 $x^2 + x$

---

① 牛顿三岁时，他的母亲改嫁并搬走了，牛顿没有跟随母亲去和继父一起生活，自此之后他和父母几乎断了联系，他甚至威胁要把他们连同房子一齐烧掉。

＋1一同减去，可得：

$$\dot{oy}=2x\,(\dot{ox})+1\,(\dot{ox})+(\dot{ox})^2$$

接下来就是牛顿的小花招大显神通的时候了。牛顿宣称，既然 $\dot{ox}$ 极小极小，那么 $(\dot{ox})^2$ 的值势必更小，因此我们可认为它消失了。换言之，大体上我们可将它视为0，进而无视其存在。此时可得：

$$\dot{oy}=2x\,(\dot{ox})+1\,(\dot{ox})$$

这意味着 $\dot{oy}/\dot{ox}=2x+1$，而这就是曲线上任意一点 x 的切线斜率（见图26）。无穷小的时间间隔 o 相互抵消，$\dot{oy}/\dot{ox}$ 变为 $\dot{y}/\dot{x}$，于是，我们再也不必考虑 o。

这种方法纵然可以得出正确的结果，但令 $(\dot{ox})^2$ 消失的这一步骤实在令人费解。假如真的像牛顿主张的那样，$(\dot{ox})^2$、$(\dot{ox})^3$ 甚至更高

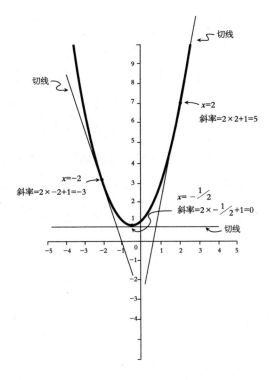

图26：利用公式 $2x+1$ 找出抛物线 $y=x^2+x+1$ 上任意一点的斜率

次幂的 $\dot{o}x$ 都等于 0，那么 $\dot{o}x$ 本身也必须等于 0[①]。另一方面，假如 $\dot{o}x$ 等于 0，那么最后除以 $\dot{o}x$ 的步骤则相当于除以 0，而正是这最后一步令我们成功摆脱了 $\dot{o}y/\dot{o}x$ 这一数学表达式中的 o。

牛顿的流数术确有其暧昧不清的可疑之处。虽然它建立在一个不合逻辑的数学运算之上，但它也有一个不容忽视的巨大优势，那就是——它管用。流数术在解决了切线问题的同时也解决了面积测算问题。曲线（包括直线，因为直线也是曲线的一种）下的面积值测算——如今我们称之为积分（integration）——其实就是微分的逆向问题。正如求曲线 $y=x^2+x+1$ 的微分可以得到曲线上任意一点的切线斜率方程 $y=2x+1$，求曲线 $y=2x+1$ 的积分可以得到一个求算曲线下面积值的公式，该公式为 $y=x^2+x+1$，曲线与直线 $x=a$、直线 $x=b$ 以及轴线围成的图形的面积值就为 $(b^2+b+1)-(a^2+a+1)$（见图 27）。（严格来说，公式应该是 $y=x^2+x+c$，c 可以为任意常数。微分的过程会破坏信息，反过来，积分的运算无法提供确切的答案，除非加以补充其他有效信息。）

微积分则是这两类工具——微分与积分——的结合体。尽管牛顿对 0 与无穷量的利用不甚严谨，且打破了某些非常重要的数学规则，但是微积分的用途实在太过强大，没有数学家能够抵挡它的魅力。

大自然以方程式发声。这是一个绝妙的巧合。起初，数学规则围绕羊群计数、财产调查展开，而恰恰是这些规则支配着宇宙万物的运转生息。方程等式只是自然法则的描述载体，在某种意义上，它可以被视为一项工具，当你输入一个数字，它能够依据自身规则产出另一个数据。古人只掌握了少部分方程规则，比如杠杆原理，但在科学革命的发端阶段，这些法则却如雨后春笋般纷纷显露真颜。开普勒第三定律描述了天

---

① 若两数相乘等于 0，则两数中至少有一数为 0。（用数学语言则可表示为：若 $ab=0$，要么 $a=0$，要么 $b=0$。）这就意味着，若 $a^2=0$，则 $aa=0$，因此 $a=0$。

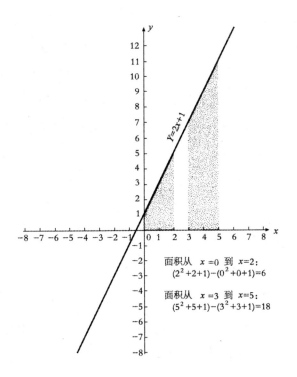

$$y=2x+1$$

面积从 $x=0$ 到 $x=2$：
$(2^2+2+1)-(0^2+0+1)=6$

面积从 $x=3$ 到 $x=5$：
$(5^2+5+1)-(3^2+3+1)=18$

图 27：利用公式 x^2+x+1 求出直线 $y=2x+1$ 下的面积

体循轨道运行一周所需的时间：$r^3/t^2=k$，t 为时间，r 为运行轨道的半长轴距离，k 为定量常数。1662 年，罗伯特·波义耳发现，压缩一个装满气体的密闭容器会增大容器中的压强，而且压强 p 与容器体积 v 的乘积等于一个恒等的常数 k，即 $pv=k$。1676 年，罗伯特·胡克的研究表明，一根弹簧产生的弹力 f 等于一个恒定负数 $-k$ 与弹簧被拉伸的距离 x 的乘积，即 $f=-kx$。这些早期发现的方程法则极好地阐明了某些简单关系，但是，它们固有的恒定性也在无形中成为一种桎梏，禁绝了它们成为普遍法则的可能性。

举一个我们在高中都学习过的著名方程等式作为例子：速度乘以时

间等于距离。该式阐明了一定速度（每小时行进 v 英里）下 t 小时之后的前进总位移 x 应等于 vt，即 $x=vt$，因为每小时行进的英里数乘以时数就等于总英里数。若要计算一趟时速为 120 英里的列车从纽约到芝加哥所需的时间，这个公式就能大展神威了。然而，在现实世界中，能有多少事物能够像数学问题中的列车一样一直保持匀速运动？掷下小球，它移动的速度只会越来越快，在这个情况下，$x=vt$ 显然不适用，此时下降小球的位移 $x=gt^2/2$，g 是重力作用下的加速度。另外，如果在小球上施加一个递增的力，x 或许会等于 $t^3/3$。可见，速度乘以时间等于距离绝非普遍性规律，它只在有限条件下适用。

微积分却容许牛顿将所有这些方程等式统一融合于一套规则体系中，这个宏大绝伦的体系适用于任何情况、任何条件，这也是人类科学第一次得以一窥作为世间各类局部规律根基的普遍法则。数学家们纵然深知，由于 0 与无穷量的诡秘数学性质，微积分仍旧存在着根深蒂固的缺陷，但这无碍他们对这门新兴数学工具的迅速接纳，因为他们同样明白，仅靠一般的方程等式绝对无法阐明大自然的繁复变化，微分方程（differential equations）才是大自然的发声载体。为了建立和解决这些微分方程，拾起微积分这一强力工具就是他们唯一的选择。

微分方程与我们平日熟知的普通方程式截然不同。普通方程式就像一台机器，你往机器里输入一个数字，它会相应地输出另一个数字。微分方程也像一台机器，但是这台机器需要的原料不是数字，而是方程式，你输入一个方程式，机器便会相应地输出另一个新的方程式。若你输入一个描述了某个问题（小球是否做匀速运动或者小球上是否施加了外力）的相关条件的方程式，这台机器将为你提供一个编码了问题答案（小球做直线运动或做抛物线运动）的方程式。一个微分方程就能掌控与方程规律有关的所有数字，与时灵时不灵的局部方程规律不同，微分方程永远正确无误。它是一条普遍法则，是一扇窗口，正是通过这扇窗口，人类得以一窥大自然的运转机制。

牛顿创立的微积分（流数术）是通过将许多概念——如位置、速度、加速度——联系为一体而做到这一点的。牛顿用变量 x 表示位置，他意识到，速度其实就是 x 的流数 x（现代数学称之为导数），而加速度则是速度的导数 x。因此，从位置到速度到加速度，或者从加速度到速度再到位置，无非就是求其微分（增加一个点）或求其积分（移除一个点）罢了。以此为基础，牛顿构建了一个简洁的方程式来表征宇宙万物的运动规律：$F=mx$。其中 F 代表物体所受的合力，m 则是物体的质量。（事实上，这个规律还不是严格意义上的普遍法则，因为它成立的前提是该物体的质量是恒定的。牛顿提出的另一个适用范围更广的定律是 $F=p$，p 指的是物体的动量。后来，爱因斯坦修正了牛顿提出的若干方程式定律。）假如已知揭示物体所受合力的方程式，物体运动的精确轨迹就能通过相应的微分方程得以确定。比如，若小球做自由落体运动，其运动轨迹应呈抛物线状；再比如，光滑的弹簧能够永不停歇地摇曳，受摩擦力作用下的弹簧则会逐渐停止移动（见图28）。尽管这些运动的轨迹与结果均不相同，却能由同一个微分方程支配操控。

同样，若已知某物体——不管是玩具小球还是大型行星——的运动轨迹，此物体所受的力便能通过微分方程得以确定。（牛顿的成就之一就是提出了描述重力的方程式以及论证了天体运行的轨道形状。人们曾以为，重力或与 $1/r^2$ 成正比，不过，当牛顿的微分方程显露了椭圆轨道的影迹，人们开始相信牛顿是正确的。）尽管微积分能量巨大，但这无法掩盖它身上悬而未决的关键问题。0除以0这一运算是牛顿微积分理论的构筑基础，然而，这个地基其实是十分不牢靠的。他的竞争对手的研究也存在与此相同的缺陷。

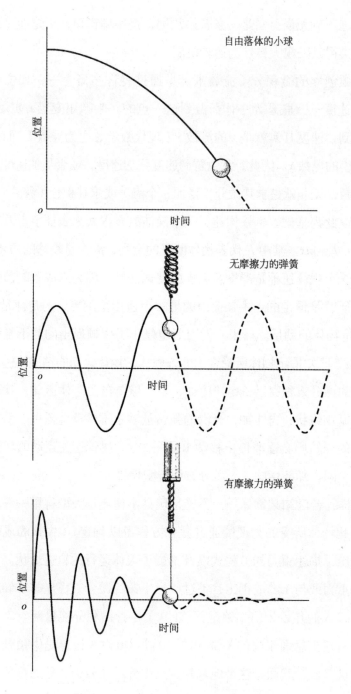

图 28：同一微分方程支配下的不同运动

1673 年，一位受人敬重的德国律师、哲学家访问了伦敦，他的名字叫戈特弗里德·威廉·莱布尼茨。就是此人，与牛顿携手撕碎了旧有的科学世界，尽管两人最终都未能驱散那层蒙罩着微积分的浓雾——0 的问题。

在这趟游历英国的行程中，莱布尼茨究竟是否偶然看到过牛顿尚未正式发表的研究手稿，今天的我们已然无从知晓，不过可以确定的是，在 1673 年至 1676 年间莱布尼茨第二次踏足伦敦时，他的微积分系统也已发展成熟，只不过在形式上与牛顿的流数术稍有不同。

现在回头看，虽然此事仍有争议，但莱布尼茨与牛顿似乎确实是各自独立地发明了微积分。17 世纪 70 年代，两人曾有书信往来，这使得人们很难确切地分辨他们究竟是否相互影响。尽管两套理论都能得出同样的答案，但其采用的表示符号——以及背后的哲学观念——则大相径庭。

牛顿十分厌恶无穷小量，即流数方程中的 o。在流数术中，它时而等于 0，时而又等于 0 之外的其他数值。从某种意义上说，这些无穷小量的数值极其微小，小于任何你能想到的正数，但仍比 0 大。在当时的数学家们看来，这是一个非常荒谬的概念。流数术中的无穷小量令牛顿陷入了进退维谷的境地，于是，他决定对这个棘手的问题予以回避。在牛顿的微积分算法中，无穷小量 o 仅是一个媒介，或者说是支撑物，且在计算临近结束时奇迹般地变身为 0，继而销声匿迹。与牛顿对无穷小量的反感不同，莱布尼茨对它甚是喜爱。莱布尼茨以 dx 来表示牛顿流数术中的 $o\dot{x}$，代表 x 的无穷小变化量。在莱布尼茨的微积分体系中，这些无穷小量贯穿始终，且不做变动，而且莱布尼茨主张，与 x 相关的 y 的导数并非不受无穷小量约束的流数之比 $\dot{y}/\dot{x}$，而是无穷小量之比 dy/dx。

莱布尼茨的微积分观点认为，dy 与 dx 的运算处理应与一般数字无异，而这正是现代数学家与物理学家大多倾向于采用莱布尼茨的微积分符号而非牛顿的微积分符号的原因。莱布尼茨微积分的威力绝不逊于牛顿的流数术，由于其表示符号的简洁，甚至还略胜一筹。然而，在所有运算过程之下，莱布尼茨的微积分同样包藏着那个令牛顿流数术备受煎熬的禁忌——0/0，这个缺陷一日不除，微积分就只能建筑在信仰而非逻辑之上。（实际上，对于莱布尼茨在数学领域的开疆扩土，比如发明二进制数，信仰起着不可磨灭的重要作用。任何数字都可以表示为一连串的0与1，在莱布尼茨眼中，这就是从无到有的创造，代表了从上帝/1和虚无/0中衍化而生的创世之举。他甚至试图说服耶稣会的传教士借用这一知识向中国人传播基督信仰。）

在数学家成功将微积分从其摇摇欲坠的根基上解救下来之前的许多年间，整个数学界都在为微积分的发明归属权而争论不休。

毋庸置疑的是，牛顿早在17世纪60年代就率先提出了这一概念，但在之后的20年里，他一直未将研究成果正式对外发表。牛顿既是魔术师、神学家和炼金术师（比如，他曾从《圣经》文本中推定，耶稣将在1948年左右再次降世），同时也是一位科学家，他的许多观点都被视为异端邪说，因此，他不愿将自己的研究公之于世，往往讳莫如深。在牛顿压下成果不予公开发表的同时，莱布尼茨也独立完成了自己的微积分研究。于是，两人互相指责对方剽窃自己的学术成果，而支持牛顿的英国数学界也由此开始了与支持莱布尼茨的欧洲大陆数学界的对抗，此后，英国数学家坚持使用牛顿的流数术符号，不肯接受莱布尼茨发明的更为先进的微积分符号，这样意气用事的举动使得英国的微积分研究停滞了一个多世纪，严重落后于他们的欧洲大陆同行。

对于微积分研究中充斥的神秘难解的0与无穷，一位法国人，而非英国人，成为第一个吃螃蟹的人。就算是初次接触微积分的数学家，也必定听说过洛必达法则。不过，说来也奇怪，这个称为"洛必达法则"的数学规则并不是由洛必达创造的。

生于 1661 年的纪尧姆·弗朗索瓦·安托万·德·洛必达是位世袭侯爵，这意味着他非常富有。早年他对数学萌生了浓厚的兴趣，后来他投身军伍并在军中担任骑兵军官一职，不过，他很快就回心转意，重新投身挚爱的数学研究。

洛必达尽其所能，重金聘请了一位十分优秀的数学老师，瑞士数学家约翰·伯努利。伯努利是早期精通莱布尼茨微积分的数学家之一。1692 年，伯努利开始教授洛必达有关微积分的知识，洛必达被新奇的数学运算深深吸引，他竟开出高价，向伯努利求购其在数学方面的所有最新研究成果，而伯努利也欣然答应了。于是，一本教科书由此诞生。1696 年，洛必达出版了《阐明曲线的无穷小分析》，此书是世界上第一本系统的微积分教科书，对莱布尼茨版本的微积分在欧洲大陆的广泛传播贡献甚大。书中，洛必达不仅论述了微积分的有关基本概念，还提出了许多激动人心的新成果，其中最著名的莫过于洛必达法则。

洛必达法则打响了数学家攻克微积分中令人困扰的 0/0 难题的第一枪。该法则提出的方法揭示了无限趋近 0/0 这一数学运算的真正数值。洛必达法则规定，此分数的数值等于分子表达式的导数与分母表达式的导数之比。以 $x=0$ 时的表达式 $x/(\sin x)$ 为例，当 $x=0, \sin x$ 也等于 0，因此，表达式等于 0/0。运用洛必达法则可得，表达式 $x/(\sin x)$ 等于 $1/(\cos x)$，因为 x 的导数是 1，$\sin x$ 的导数是 $\cos x$。$x=0$ 时，$\cos x=1$，因此，整个表达式等于 $1/1=1$。洛必达法则还适用于其他古怪表达式：∞/∞、0^0、0^∞、∞^0。

以上这些表达式，特别是 0/0，可以等于任意数值，其值随着分母与分子位置的函数式不同而改变，而这也是 0/0 被赋予"未定数"（indeterminate）称号的缘由。0/0 不再是叫人无从下手的神秘谜团，数学家已经获取了一些与之相关的有用信息；0 也不再是叫人避之若浼的强劲敌人，而是一个亟待世人研究的难解之题。

1704 年，洛必达逝世，不久之后，伯努利便开始声称洛必达剽窃了自己的学术成果，但当时的数学家并不认可这种说法，不仅因为洛必达已经证明了自己的数学才华，也因为约翰·伯努利的声誉在先前业已受损，之前他也曾宣称某一位数学家的某项证明应归功于他。（那位数学家恰好是他的哥哥雅各布。）不过，这一次，他的声明并非空穴来风，他与洛必达的来往书信证实了他的故事，但不幸的是，"洛必达法则"的命名已是覆水难收。

对于解决一些与 0/0 有关的棘手难题，洛必达法则极为重要，但是，微积分存在的根本问题仍然未得到解决。无论是牛顿还是莱布尼茨，他们发明的微积分都是建构在除以 0 这一运算之上、以某些一遇到乘二次方的运算便会神奇消失的数字为根基的。也就是说，洛必达法则用来检验 0/0 的工具本身就是建立在 0/0 的基础之上的，因此，该法则是一种循环论证。此外，当全世界的物理学家和数学家着手使用微积分解释自然的时候，来自教会的反对之声也已开始在耳边轰鸣。

1734 年，牛顿辞世的第七个年头，一位名为乔治·贝克莱的爱尔兰大主教撰写了一本论著，标题很长，叫作《分析学家，或一篇致一位不信神数学家的论述》。（至于这位被质疑的数学家到底是谁，最有可能的候选人是埃德蒙·哈雷，他是牛顿的忠诚拥趸。）在此书中，贝克莱批判了牛顿（还有莱布尼茨）在有关 0 的问题上所做的卑鄙把戏。

贝克莱尖锐地指出，无穷小量的恣意不理解必然引发不可调和的自相矛盾，他还将无穷小量讽称为"已死量的幽灵"（ghosts of departed quantities），并总结道："在我看来，能消化得了二阶、三阶流数的人，是不会因吞食了神学论点就呕吐的。"

尽管当时的数学家对贝克莱的逻辑抨击不断，但他无疑是正确的。

那时的微积分与数学的其他领域截然不同。几何学中的所有定理都经过严格的证明，比如，数学家以欧几里得几何中的某几条公理为基础，通过环环相扣的严谨推理，最终可以得出三角形的内角之和为180°的结论，其他几何规律亦能经由相似的推理过程而得，而微积分的构建根基却是信仰。

没有人能够解释，为何无穷小量的二次方可化0消除，他们似乎理所应当地接受了这个事实，只因它们消失得恰如其分，正好可以得出正确的答案；没有人因为除以0这一运算而忧心忡忡，他们坦然地忽视了那些解释世间万物（从苹果的掉落到天际行星的运动轨迹）运行规律的数学法则。尽管微积分总能给出正确的答案，但其应用与坚信上帝存在一样，都是受信仰驱使的行为。

神秘的落幕

> 一个量要么等于0，要么不等于0。若等于0，它早已消失无痕；若不等于0，便不可随意消除。介于两者之间的中间状态只能存在于幻想之中。
>
> ——让·勒朗·达朗贝尔

在法国大革命的阴影笼罩下，微积分身上的神秘因素正被一一剔除。微积分的根基并不牢固，尽管如此，至18世纪末叶，手握微积分这门新工具的欧洲数学家已经取得了许多震惊世人的成就。科林·马克劳林和布鲁克·泰勒或许称得上是英国数学界脱离欧洲大陆时代最好的数学家，他们发现可运用微积分以另一种全新的形式来表示函数。比如，数学家意识到，通过一些微积分运算中的小技巧，函数 $1/(1-x)$ 亦可改写为：

$$1+x+x^2+x^3+x^4+x^5+\cdots$$

这两个表达式看似迥然不同，实则别无二致（但仍有一些警告须谨记于心）。

那些警示源自 0 与无穷大量的特殊性质，其重要性不容小觑。微积分运算中对 0 与无穷大量的处理方式"启发"了瑞士数学家莱昂哈德·欧拉，他效仿马克劳林和泰勒，运用相似的推理方法"证明"了，以下这个表达式之和等于 0：

$$\cdots+1/x^3+1/x^2+1/x+1+x+x^2+x^3+\cdots$$

（令 $x=1$，该结论的疑点立马显现。）欧拉是个杰出的数学家——事实上，称他是人类历史上最多产、最富影响力的数学家之一也不为过——但是这一次，对 0 与无穷大量的草率处理使他栽了跟头。

一名弃婴最终降服了微积分中桀骜不驯的 0 与无穷量，褪去了微积分身上的神秘外衣。1717 年，一个婴儿躺在巴黎圣·让·勒朗大教堂的门前石阶上，嗷嗷啼哭，他的名字让·勒朗也由此而得，后来他给自己取姓为达朗贝尔。他的养父母家境贫寒，养父是一名玻璃工匠，但他的生父是一名将军，生母更是出身贵族。

达朗贝尔最为人熟知的著作应是他 20 岁时与德尼·狄德罗一齐编撰的有关人类知识的法国《百科全书》，但这绝非他的全部成就。那个领悟到终点固然重要，但通往终点的旅程同样不可忽视的有识之士就是达朗贝尔，他攥住了极限（limit）概念的要义，成功攻克了微积分中 0 的难题。

让我们再次回顾一下阿基里斯与乌龟的故事，在二者的跑步竞赛中，他们无穷尽的步伐之和越来越趋近于0。无穷项的求和运算——不管是阿基里斯问题，还是求曲线下面积，抑或是求数学函数的替代形式——往往会使数学家得出自相矛盾的答案。

达朗贝尔意识到，只要把竞赛的极限纳入思考的范畴，阿基里斯问题便不复存在。在之前的例子中，乌龟和阿基里斯每踏出一步，就离2英尺标志点更近一分，他们之间的距离以及他们与2英尺标志点的距离无时无刻不在缩短。因此，这场竞赛的极限，也即它的最终目的地，就在2英尺标志点，也就是在这一点，阿基里斯终将超过乌龟。

但是，又该如何证明，这场竞赛的极限确实是两英尺呢？我诚邀你向我发出挑战，提出一个极小的距离，不管该距离多微小，都存在这样一个时刻：阿基里斯和乌龟与极限的距离均小于你所举的范围。

比如，假设你提出的距离是千分之一英尺，那么经过一系列计算可以得出，跑完第11步时，阿基里斯与标志点的距离为9.77亿分之一英尺，乌龟与标志点的距离是前者的一半。我不仅满足了你的挑战，而且还多出来2300万分之一英尺。倘若你又提出了一个更短的距离，比如10亿分之一英尺，情况又会如何呢？跑完第31步时，阿基里斯与目标点的距离为931万亿分之一英尺，乌龟与目标点的距离仍旧是前者的一半。这一次挑战依然难不倒我，而且又有剩余，多出来的距离是69万亿分之一英尺。不管你如何挑战，我皆能泰然应对，明晰地指出阿基里斯比你所举的距离更接近标志点的时刻。这说明，随着竞赛的进行，阿基里斯正无限接近2英尺标志点，而2英尺正是这场赛跑的极限。

现在，先不把这场赛跑视为无数部分的求和，而将它看作有限的各分赛段的极限。比如，在第一赛段，阿基里斯拔足奔向1英尺标志点，那么，他一共跑了1英尺。

1

在第二赛段中，阿基里斯又跑了 0.5 英尺，所以，他跑过的总路程为 1.5 英尺。

$$1+1/2$$

第三赛段过后，阿基里斯跑动的总距离变为 1.75 英尺。

$$1+1/2+1/4$$

每一个赛段都界限分明，不存在无穷量。

达朗贝尔所做的就是将这个无穷求和表达式：

$$1+1/2+1/4+1/8+\cdots+1/2^n+\cdots$$

转写为另一种形式：

$$1+1/2+1/4+1/8+\cdots+1/2^n \text{ 的极限（当 } n \text{ 趋于 } \infty \text{）}$$

乍看之下，两种表示方法的区别似乎不大，但正是这个微乎其微的差别在全世界掀起了巨变的浪潮。遗憾的是，达朗贝尔并没有把这种表达公式化，这一工作将由之后的法国人奥古斯丁·柯西、捷克人伯恩哈德·波尔察诺以及德国人卡尔·魏尔斯特拉斯完成。

数学表达式中一旦出现无穷量或除以 0，一切数学运算，即便简单如加减乘除，也会失常无效，变得毫无逻辑可言。因此，在处理无穷数列时，即使是浅显的"＋"号也会显得面目暧昧，朦胧不清，这就是章节伊始提及的＋1 与－1 的无穷数列求和的结果似乎既可能等于 0 也可能等于 1 的原因。

不过，数列中新添的极限符号可将过程与目的分离开来，并有效规避与 0 和无穷量有关的运算。正如阿基里斯的竞赛中各赛段都是有限的，极限中的部分和（partial sum）同样也是可随意加减乘除的有限量。因为一切数项都是有限的，所以数学法则仍旧通行。按部就班地进行完所有运算之后，就能取其极限了：推断求出该表达式的行进方向。

有时，极限是不存在的，比如，+1 与 −1 这一无穷数列的求和就不存在极限。该数列的部分和的数值在 1 与 0 之间来回摇摆，换言之，它并没有走向某个可预测的目的地。阿基里斯的竞赛问题则大不相同，其部分和从 1 到 1.5 到 1.75 到 1.875 再到 1.9375，如此往复，越来越趋近于 2，因此，这一个无穷数列的求和之旅终能寻觅到终点，即极限。

同样的道理也适用于求导。现代数学家不像牛顿和莱布尼茨一样以 0 为除数，他们把一个趋近于 0 的量当作除数，显然，这样的运算是完全合乎逻辑的，因为 0 并未牵涉其中。于是，他们在全然合理的情况下做完除法，然后取极限。强令无穷小量的平方乘积消失而后除以 0 求导这样惹人争议的手段再无存在的必要（见附录 C）。

这一逻辑或许有些吹毛求疵，又有点像牛顿体系中的"幽灵"，略带神秘，但事实正好相反，它满足了数学家对逻辑严密性的不懈追求，因为极限这一概念具有内在一致的坚实理论基础。你可以全然忽略先前提及的"向我挑战"的论证过程，因为仍有其他定义极限的方式，比如，称其为两个数，即上极限（lim sup）与下极限（lim inf）的收敛（对于它，我有一个绝妙的论证方法，但鉴于此书篇幅，在此就不赘述了）。由于极限在逻辑上拥有无懈可击的严密性，以极限为基础的求导过程自然也无可指摘，它们为微积分奠定了稳固的理论根基。

至此，人们不再需要把 0 当作除数，神秘主义的迷雾开始蒸腾消散，逻辑又一次取得了胜利，数学的国度重归宁静，直到恐怖统治①汹汹来袭。

---

① 一些历史学家对法国大革命的一个阶段的称呼。不同历史学家对恐怖开始时间有不同的看法，包括 1793 年 9 月、1793 年 6 月、1793 年 3 月（创立革命法庭）、1792 年 9 月（九月大屠杀）或 1789 年 7 月（第一次斩首），但一般同意恐怖结束于 1794 年 7 月。

第 6 章

ZERO: THE BIOGRAPHY OF A DANGEROUS IDEA

无穷的双生子

0 的无穷本质

> "上帝创造了整数，其余都是人做的工作。"
>
> ——利奥波德·克罗内克

0 与无穷大总是十分相似。0 乘以任何数都等于 0，无穷大乘以任何数都等于无穷大；任何数除以 0 都等于无穷大，任何数除以无穷大都等于 0；任何数加上 0 都等于原来的数，任何数加上无穷大都等于无穷大。

自文艺复兴以来，两者的这些肖似之处业已为人熟知，但是，要等到法国大革命临近结束时，0 身上的巨大谜团才得以真正解开。

0 与无穷是一枚硬币的正反两面，如同阴与阳，平等而对立。它们又是对手，旗鼓相当，盘踞在各自所属的数字领域的尽头。0 独有的恼人属性与无穷的奇异威力息息相关，0 的研究或许可以帮助我们进一步弄清无穷的性质。为此，数学家必须鼓起勇气，冒险一探云谲波诡的虚数世界。在那里，圆形就是直线，直线就是圆形，而这个世界的正对两极便是 0 与无穷。

虚数

> 虚数是神灵遁迹的精微而奇异的隐蔽所，它大概是存在和虚无两界的双栖物。
>
> ——戈特弗里德·威廉·莱布尼茨

遭到数学家冷眼排斥长达数百年的数字绝不止 0 一个。与 0 在古希腊饱受偏见的经历类似，其他没有几何意义的数字也被有意无意地忽视了，其中一个数字，i，是人们掌握 0 的奇异特性的关键所在。

代数学为世人展现了一条通往数字世界的全新道路，它和古希腊几何思想毫无联系。不同于总是尝试求算曲线下面积的古希腊人，早期的代数学家力图找到蕴含不同数字关系的方程式的求解方法，比如，一次方程式 $4x-12=0$ 描述了未知数 x 与定量 4、12 和 0 之间的联系，代数学研究者的任务就是求出未知数 x，在此方程式中，x 等于 3；再将 $x=3$ 代回以上方程式进行检验，很快能看出该等式成立，因此，3 就是方程 $4x-12=0$ 的正解。换言之，3 能使表达式 $4x-12$ 等于 0，它是该方程式的根。

若你试着将各式符号串联成一个方程式，或许你会得到意想不到的结果。再次以上文的方程式为例，如果把方程中的符号"－"改为"＋"，我们将得到一个十分温良无害的表达式，$4x+12=0$，其解也相应变为一个负数，-3。

正当古印度数学家敞开双手热情拥纳 0 的时候，他们的欧洲同行也伸出了双手，不过是将它拒之门外，并且，大门一闭就是几个世纪。负数的际遇也是如此，东方世界的态度是欣然接受，西方数学界却一直设法忽略它们的存在。直到 17 世纪，笛卡儿仍拒绝接受负数成为方程式的根，他称其为"伪根"（false roots），这也解释了笛卡儿建立的直角坐标系里竟没有负数的一席之地的原因。笛卡儿在促成代数学与几何学的联姻方面取得了巨大的成功，但这种成就反过来却桎梏了其思想的发展。其实，代数学家对负数的使用由来已久，即便是在西方也不例外。负数的足迹在方程求解中处处可寻，最常见的例子是二次方程式。

线性方程（如 $4x-12=0$）的求解十分简单，代数学家探索的目光不会过长地停留在它的身上，他们很快就找到了新目标：二次方程。这类方程以数项 x^2 为发端，如 $x^2-1=0$，与一次方程相比，求解难度更大，因为它有两个不同的根。例如，$x^2-1=0$ 就有两个解：1 和 -1，因为表达式 x^2-1 可以分解为 $(x-1)(x+1)$，无论 x 是等于 1 还是 -1，都能令该表达式等于 0，所以两个根都是方程式的有效正解。

虽然二次方程比线性方程复杂，但它有一个简便的求根方法，那就是著名的二次求根公式。根据该公式，二次方程 $ax^2+bx+c=0$ 的根

$$x=\frac{-b\pm\sqrt{b^2-4ac}}{2a}$$，+号与-号两种情况得出两个不同的根。二次求根公式流传于世已有几百年之久，公元 9 世纪数学家阿尔·花剌子米几乎通晓所有二次方程的求解，尽管他似乎并未将负数视为方程的根，不久之后，代数学家达成普遍共识，承认负数为二次方程的有效解。虚数的境遇则略有不同。

线性方程中从未出现过虚数的影迹，但在二次方程的领地里，它们却频频现身。思考一下这个方程：$x^2+1=0$，你会发现，你似乎难以找

到一个合适的数字使它成立，不管是代入－1、3、－750、235.23，还是其他任意正数和负数，都不能得到正确的答案。这个表达式无法分解，更糟糕的是，当你试图运用二次求根公式求解时，你将得到两个听起来十分愚蠢的答案：

$$+\sqrt{-1} \quad 与 \quad -\sqrt{-1}$$

以上两个表达式似乎毫无逻辑可言。12 世纪的古印度数学家巴斯卡拉曾这样叙述道："负数是没有开平方根的，因为负数并非任何数的二次方。"巴斯卡拉和其他持相同观点的数学家认识到，正数的二次方是正数，比如 2 乘以 2 等于 4；负数的二次方也会得到一个正数，比如－2 乘以－2 同样等于 4。不管是正数还是负数，抑或是 0，它们的二次方乘积都不可能等于负数，而这三者涵盖了整条数轴，这就意味着数轴上不存在其二次方为负数的数字。因而，负数的开平方根看起来就是一个荒谬无理的概念。

在笛卡儿眼中，这些数字比负数还要恶劣，他给负数的开平方根起了一个充满讥讽的名字：虚数。这个名字就此流传了下来，i 最终成为－1 的开平方根的符号。

代数学家热爱 i，其他人却对它十分憎恶。对于多项式（如 x^3+3x+1 这类含有不同次幂的 x 的表达式）的求解，i 大有裨益。事实上，一旦允许 i 成为数字王国的一员公民，所有多项式都能求解：x^2+1 可分解为 $(x-i)(x+i)$，因此该方程式的根为＋i 和－i。三次式如 x^3-x^2+x-1 可分解为三个单项式 $(x-1)(x-i)(x+i)$。四次式（最高次项的次数为 4 的表达式）通常可分解为四个单项式，五次式（最高次项的次数为 5 的表达式）则可分解为五个单项式。一切 n 次多项式（最高次项的次数为 n 的表达式）均可分解为 n 个单项式——这就是代数基本定理。

早在 16 世纪，数学家就开始运用所谓的复数（指含有虚数单位 i 的数字）来实现三次多项式和四次多项式的求解。许多数学家将复数当作实用便利的虚构之物，但有些人从中窥见了上帝。

莱布尼茨认为 i 是存在与虚无的奇异混合体，在他创建的二进制方案中，i 就像 1（上帝）与 0（虚空）的交叉物。莱布尼茨还将 i 喻为圣灵，因为两者都是超凡脱俗且虚无缥缈的存在。然而，就连莱布尼茨都未曾意识到的是，最终揭露 0 与无穷之间的联系的就是 i。在这种联系真正浮出水面之前，i 还将推动数学界的两次重大发展。

点与对点

> 这些概念既具备人们业已熟知的属性，也通往普通几何学难以轻易触碰的无穷疆域。人们将很快察觉到它们的简便性。
>
> ——吉恩·维克托·彭赛列

第一项发展——射影几何学——诞生在兵荒马乱的战争年代。18 世纪，为了争夺权力，法国、英格兰、奥地利、普鲁士、西班牙、荷兰以及其他一些国家纷纷卷入战争，国家间不断缔结同盟关系，又不断撕毁合约，往复无常。殖民地间的领土争端频频发生，没有一个国家甘愿放弃与新世界的贸易支配权。18 世纪上半叶，法国、英格兰和其他欧洲列强小规模冲突不断，在牛顿逝世大约四分之一个世纪后，全面战争最终爆发，法国、奥地利、西班牙、俄国与英格兰、普鲁士交战竟长达九年。

1763 年，法国认输，七年战争终于落下血红帷幕。（在正式宣战前，各方已经混战了两年时间。）英格兰取得胜利，一跃成为世界的超级霸主，但同时，它也付出了沉痛的代价。战后的法国和英格兰国力疲敝，举债累累，它们为这场战争承担了相同的后果——革命。七年战争结束十几年后，美国独立战争的第一枪正式打响，这场反抗将令英国失去它最富庶的殖民地。1789 年，正当乔治·华盛顿宣誓就任新成立的美利坚合众国总统一职，法国大革命爆发，四年之后，革命分子斩下了法国国王的高贵头颅。

数学家加斯帕尔·蒙日签署了革命政府处死国王的记录。蒙日是一名卓绝完美的几何学家，专门研究三维几何学，负责为建筑师和工程师测量制图：把设计投射到垂直面和水平面，记录并保存日后重建该物体所需的全部信息。蒙日的工作对军队至关重要，因此，他的许多成功都被革命政府以及之后迅速摘取胜果的拿破仑政府归为国家机密。

吉恩·维克托·彭赛列师从蒙日，向他学习三维几何学，后成为拿破仑军队中的工程师，然而，不幸的是，彭赛列入伍的那一年——1812年，正是拿破仑决心进军莫斯科的时刻。

撤出莫斯科时，严酷的冬季和一支同样严酷的俄国军队令拿破仑的铁骑几乎折损殆尽。彭赛列被当作战死者遗留在克拉斯诺耶战场，之后沦为俄军战俘，在漫长煎熬的狱中岁月里，彭赛列创建了一个新的学科：射影几何学。

自 15 世纪以来，许多艺术家和建筑师，如菲利波·布鲁内列斯基和列奥纳多·达·芬奇，发现并发展了写实绘画的技巧——透视法，彭赛列创立的数学学科就是这类研究的集大成者。绘画里的各"平行线"

收敛相交于灭点，这个小障眼法令观察者相信，这些直线从未相交。地板上的正方形一经入画就成了不等边四边形，画中的所有事物都有不同程度的变形扭曲，但观者却觉得它们十分自然顺眼。这就是距离观察者无限远的那个点——无穷远处的 0——的能量。

约翰尼斯·开普勒，这位发现了天体的椭圆形运行轨道的天文学家，对无穷远处的点这一概念进行了深一步挖掘。椭圆形有两个中心，或者说焦点（foci），椭圆形越瘦长，两个焦点相离越远。另外，所有椭圆形都具有一个共同的特点：若在一面椭圆形镜子的一个焦点处放置一颗灯泡，灯泡发出的所有光束在经过若干反射之后，都会聚焦于另一个焦点（见图 29）。

开普勒在脑海中勾勒出一个椭圆形，并不断拉伸它，把其中一个焦点拖曳得越来越远，然后开普勒假设第二个焦点已在无穷远处，于是，这个椭圆形转眼就变成了一条抛物线，而聚焦于第二个焦点的所有线条也相应转变为平行关系。换言之，其中一个焦点位于无穷远处的椭圆形就是抛物线（见图 30）。

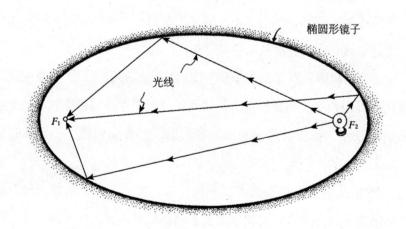

图 29：椭圆形中的光线

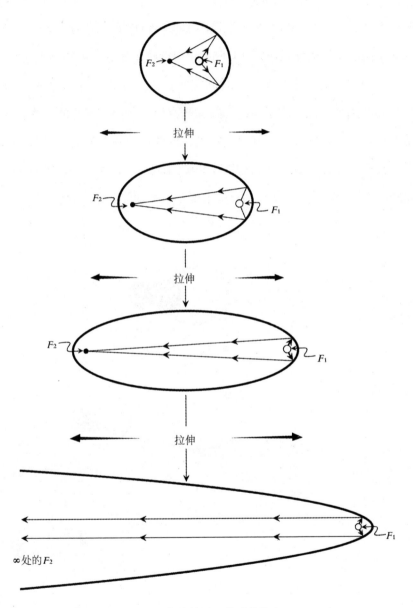

图 30：拉伸椭圆可得到抛物线

你可借助手电筒来厘清其中的道理。假设你走进一间漆黑的屋子，站在一堵墙边，并把手电筒径直指向它，之后，墙上会投射出一个完好的圆形光圈。现在，慢慢令手电筒向上倾斜翘起（见图31），你会发现，圆圈正渐渐拉伸成椭圆形，并且随着手电筒往上倾斜角度的增大而拉长。最后，椭圆形的一端会在某个瞬间突然打开，变成一条抛物线。因而，开普勒的无穷远点证明了，抛物线和椭圆形实际上是同样的事物。这便是射影几何学科的发端，在这个阶段，数学家们侧重关注几何图形的阴影和投射，力图挖掘一些比抛物线和椭圆形的等价性更具影响力的隐藏真相。不过，想要达成这一目标的前提是，必须接受无穷远点。

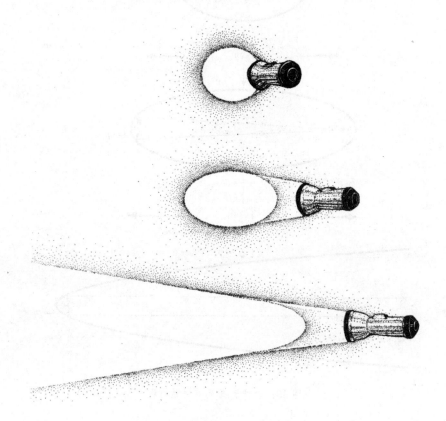

图 31：手电筒投射出的椭圆与抛物线

17 世纪法国建筑师吉拉德·笛沙格是射影几何学的早期奠基人之一，他利用无穷远点证明了一系列重要的新定理，但笛沙格的同事无法理解他所用的术语，因此武断地认为笛沙格是在胡说八道。尽管他的研究成果也引起了一些数学家如布莱士·帕斯卡的注意，但总归还是没有在历史的长河中激荡出令人瞩目的水花。

对于吉恩·维克托·彭赛列来说，这些都不重要。作为蒙日的学生，彭赛列掌握了将图解投影于垂直面和水平面的方法，而作为战俘，他又有大量的空闲时间，于是，他利用这段狱中时光重新改造了无穷远点这一概念，把它与蒙日的研究结合到一起，就此成为第一个真正意义上的射影几何学家。从俄国归来后（他还从俄国带回了一个算盘，中世纪时在西方也用这种算盘，后来废而不用，因此被人遗忘了，彭赛列这次把它带回国，人们竟还把它当作新奇物件了），他把这门学科推向了一个新的艺术高度①。不过，彭赛列全然没有察觉到，射影几何即将撕扯下 0 的神秘面纱，把它的本质暴露在世人的审视眼光之下，这是因为此时，前文提及的第二项重要进步，复数平面（complex plane），仍未显露真容。现在，让我们回到德国去寻找这一块缺失的关键拼图吧。

卡尔·弗里德里希·高斯出生于 1777 年的德国，聪慧过人，堪称奇才。他的数学之路始于对虚数的探索，他在博士论文中证明了一项代数基本定理：次数为 n 的多项式（多项式中最高单项式的次数即多项式的次数，二次方程式的次数为 2，三次方程式的次数为 3，四次方程式

---

① 　彭赛列的射影几何学提出了一个堪称数学史上最古怪的概念之一的对偶原理（the principle of duality）。高中的数学老师应该教过你，两点确定一线，但是，倘若你接受了无穷远点的观念，你会发现两线总能确定一点。换言之，在一个射影定理中，把点与直线的观念对调，即把点改成直线，把直线改成点，把点的共线关系改成直线的共点关系，所得的命题仍然成立。在这种情况下，我们认为点与线具有对偶二元性。欧几里得几何学中的任意一条定理在射影几何学中都可被对偶二元化，它们在射影几何学的平行宇宙中构建了一套全新的定理体系。

的次数为 4，以此类推）有 n 个根。只有同时承认实数和虚数，该定理方能成立。

高斯一生中钻研过许多不同类型的课题，成就之丰硕令人惊叹，例如，他在曲率方面的研究成果便是爱因斯坦广义相对论的关键组成部分，不过，这些都只是高斯通往数学新世界的征途中短暂停留的驿站，他在复数与平面图形之间架起互通的桥梁，从而构建了一个全新的数学体系。

19 世纪 30 年代，高斯认识到，每一个复数（形如 $1-2i$ 的数字，既包含实数部分，也包含虚数部分）都能在笛卡儿网格中找到对应的位置，横轴代表复数中的实数部分，纵轴则代表虚数部分（见图 32）。这个被称为复数平面的简单建构，蕴藏着大量有关数字运算原理的信息。以数字 i 为例，i 与 x 轴之间的角度为 90 度（见图 33），假如用 i 乘以 i，又会发生什么呢？根据定义，i 的平方乘积，即 $i^2=-1$，这个点与 x 轴之间的角度为 180 度，也就是说，角度翻倍了；数字 i^3 等于 $-i$，与 x 轴之间的角度为 270 度，角度增至 3 倍；数字 i^4 等于 1，角度翻转了 360 度，是原始角度的 4 倍（见图 34），而这绝非巧合。取任意复数，测量其角度，最终你会发现，该数字的 n 次幂的角度是其原始角度的 n 倍。随着数字的次数升高，该数字将呈螺旋形向内或向外移动，移动的方向取决于该数字是位于单位圆（以原点为中心且半径为 1 的圆）之内还是之外（见图 35）。复数平面中的乘法与取幂运算就此转化为肉眼可观的几何概念，而这就是前文所述的第二次大跃进。

将这两种思想相互结合的是高斯的学生，格奥尔格·弗里德里希·波恩哈德·黎曼。黎曼把射影几何与复数合二为一，直线旋即变为圆，圆瞬间转化为直线，0 与无穷则成为充满数字的球体的两极。

黎曼假设在复数平面的上方有一个半透明的球体，球体的南极与 0

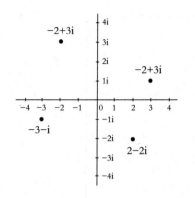

图 32：复数平面

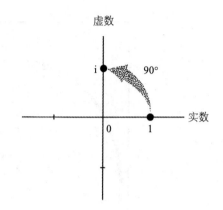

图 33：旋转 90 度的 i

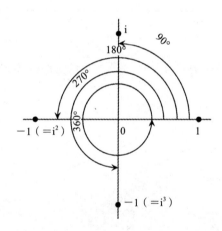

图 34：i 的不同次幂

相触。假如在球体的北极处放置一个小巧光源，那么球体上标注的所有图形都会在平面投射下相应的阴影。赤道的阴影是一个以原点为圆心的圆圈，南半球的阴影落在圆内，北半球的阴影落在圆外（见图 36），原点，即 0，则对应南极点。球体上的所有点在复数平面上均有对应的阴影，从某种意义上说，球体上的点等价于它在平面上投下的阴影，反之

155

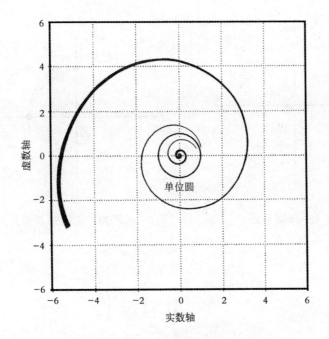

图 35：单位圆内和单位圆外的螺旋状运动轨迹

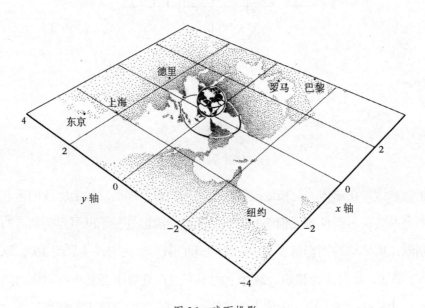

图 36：球面投影

亦然。平面上的每一个圆都是球体上相应圆圈的投影，而球体上的每一个圆圈都能在平面上找到与之对应的圆——但有一个例外。

　　假如球体上的圆经过球体的北极点，那么它在复数平面的投影将不再是一个圆，而是一条直线。北极点与开普勒和彭赛列设想的无穷远点十分相似。平面上的直线仅是球体上经过北极点（无穷远点）的圆（见图 37）。

　　一旦黎曼意识到，复数平面（附有一无穷远点）和球体实际上是同一事物，数学家们就可以名正言顺地通过分析球体变形或转动的方式来审视乘法、除法或其他更加复杂的运算。比如，乘以数字 i 等同于球体顺时针旋转 90 度；以（$x-1$）/（$x+1$）替代数字 x，相当于把球体整个旋转 90 度，令北极点和南极点落在赤道上（见图 38、39、40）。最有趣的是，用数字 x 的倒数 $1/x$ 取代它，相当于把球体翻转倒置，如同倒映在镜子中，此时，北极点成为南极点，南极点则变为北极点：0 成了无穷大，而无穷大则变成了 0。换言之，$1/0 = \infty$，$1/\infty = 0$，而他们皆为球体几何学的固有组成部分。在黎曼球体中，0 与无穷大位于正反

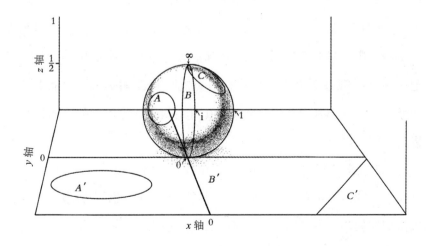

图 37：线与圆是相同的

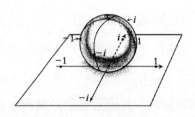

图 38：黎曼球体

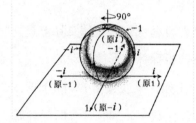

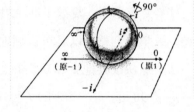

图 39：因 i 转变的黎曼球体　　　图 40：因（$x-1$）/（$x+1$）转变的黎曼球体

两极，而且可在瞬息之间掉转位置，它们拥有相等而对立的能力。

　　复数平面中的所有数字乘以 2，就好比将覆于球体表面的橡胶扯离南极点，往北极点的方向拉伸。乘以 1/2 将产生相反的效果，相当于把覆盖球体表面的橡胶扯离北极点，往南极点的方向拉伸。乘以无穷大，如同在南极点刺入一根针，然后整张橡胶皮都飞也似的朝北极方向猛冲，因为任何数乘以无穷大均等于无穷大。乘以 0 的情况则像是把一根针狠戳进北极点，于是，所有的一切都朝南极方向涌去，因为任何数乘以 0 都等于 0。无穷大与 0 对峙两极，势均力敌，而且都一样极具破坏性。

　　长久以来，0 和无穷一直受困于试图吞没所有数字的斗争中。它们端坐在数字球体的正对两极，像小型黑洞一样吞噬着所有数字，如同一个极富摩尼教色彩的梦魇。从复数平面取任意数字——为了论证方便，我们取 i/2，然后求它的二次幂、三次幂，甚至四次幂、五次幂、六次幂、七次幂，不断乘下去，会呈旋涡状缓慢趋向 0，宛如流入下水道的涓涓水流。如果将数字换成 2i，情形又将如何？情况恰好相反。求它的二次幂、三次幂、四次幂，它会如旋涡般向外涌去（见图 41）。而在数字球体上，这两条曲线则如镜像般别无二致（见图 42）。复数平面上几乎所有数字都

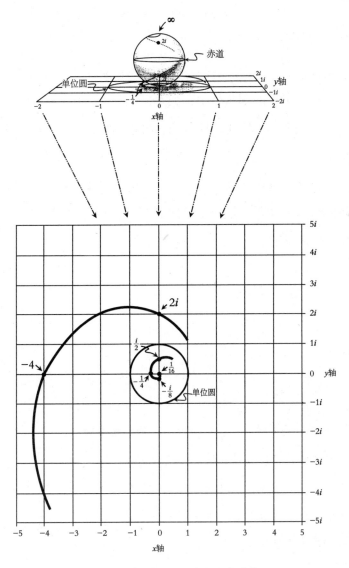

图 41：在平面上向外和向内旋转

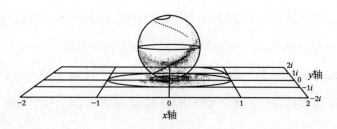

图 42：球体上的镜像

朝着 0 或 ∞ 围拢而去，这是它们避无可避的宿命，唯一有幸逃脱这一命运的只有位于赤道上的那些数字，如 1、−1、i，它们与两极距离相等，同时受到 0 与无穷大的拉拽，这些数字将永远围绕赤道旋转，永远无法脱离两极的控制。（你可以用计算器模拟这一过程。随意输入一个数字，乘以二次方，然后再次乘以二次方，几次重复操作之后，你会看到数字正急速飙向无穷大或 0，除非你一开始输入的数字是 1 或 −1，否则必定不会出现例外情况。）

无穷的 0

> 我的理论坚如磐石，每一支射向它的利箭都会很快被反弹回来，转而射向射箭的人。
>
> 我是如何知晓这个理论的？哦，我对它进行了透彻的研究……打个比喻，我曾循着它的根脉，找到了世间万物的永无谬误的创造者。
>
> ——格奥尔格·康托尔

无穷从此不再深奥难测，而今的它只是一个普通的数字，一个钉在图钉上亟待数学家剖析的标本。然而，在无穷的最深处，在浩瀚连绵的数字连续统之中，0 频频出现。最耸人听闻的一个事实是，无穷本身也可能是 0。

昔日，在黎曼领悟到复数平面实则是一个球体之前，诸如 $1/x$ 一类的分数常令数学家焦头烂额，无从下手。随着 x 趋向 0，$1/x$ 的值持续增大，直至无穷。黎曼大大提升了这一事实的可接受性，因为在他的理论体系中，无穷大和其他数字一样，只不过是球体上的一个点，丝毫没有可怖之处。于是，数学家开始着手分析和归纳一类令函数趋于无穷的点：奇点（singularity）。

曲线 $1/x$ 在点 $x=0$ 处有一个奇点，这类性质单一的奇点被数学家称为极点（pole）。除此之外，还有其他几种奇点，比如曲线 $\sin(1/x)$ 在 $x=0$ 处有一个本性奇点（essential singularity）。本性奇点仿佛性情古怪的野兽，在这类奇点附近，曲线会陷入彻底失控的境地，在正数范畴与负数范畴之间来回上下振荡，且越接近奇点，振荡的速度越快。即便是距离奇点很近的区域，曲线仍在不停地横扫过所有你能想象得到的数值区间。尽管这些奇点行为乖张，但数学家业已拨开缭绕在其周围的浓烈迷雾，开始领会解剖无穷的正确方法。

格奥尔格·康托尔是"无穷解剖学"领域首屈一指的专家。他生于 1845 年的俄国，却在德国度过了他人生的大部分时光。正是在德国，在这片哺育和滋养了高斯和黎曼的土地上，无穷的隐秘最终显露真颜。遗憾的是，德国也是数学家利奥波德·克罗内克的故土，正是他逼得康托尔患上了精神分裂症，最后在精神病院离世。

康托尔和克罗内克的激烈冲突因一个有关无穷的设想而起。可以用一个简单的智力问题来描述这个设想。假设有一个挤满人的巨大体育场，你想知道体育场里是人的数量更多还是座位的数量更多，抑或两者一样多。你可以分别数出人和座位的数目，然后进行比较，但是那样会耗费很多时间。还有一个更聪明的办法，就是让在场的每一个人都就近找一个座位坐下，如果结果剩有空位，说明人少于座位；如果最后还有人站着，则说明人多过座位；如果位子都坐满了的同时又没有人站着，说明两者的数量一样多。

康托尔把这一小窍门推而广之。他假设有两个数集，如果其中一个数集中的数字恰好能够一对一地"坐落"在另一个数集的数字上头，就像一人对应一个座位那样，那么这两个数集的基数（数集所含元素的个数）相等。比如，{1, 2, 3} 与 {2, 4, 6} 就是两个基数相等的数集，因为我们可以为它们安排一个完美的座位表，使所有数字妥善"就座"，且所有"座位"无一落空：

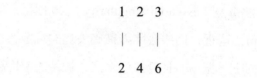

但 {1, 2, 3} 与数集 {2, 4, 6, 8} 的基数就不一致：

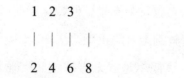

因为 8 是一个"空位"。

倘若把一一对应的概念推广到无穷数集，情况将变得相当有趣。以自然数集为例：{0, 1, 2, 3, 4, 5, …}，显而易见，这个数集等价于它自身，所以可以令每一个数字"落座"于它自己上方：

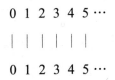

毋庸置疑，每个数集都等于它自身。不过，若我们尝试从数集中移去一些数字，又会出现什么样的情况呢？譬如从整数集中移去 0，奇怪的是，移除 0 并不会改变集合的基数，只要稍微调整一下座位安排，就能保证每个人都有座位，且所有座位都不空置：

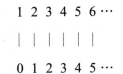

即便我们从数集中移除了一些数字，但其基数仍旧维持不变。实际上，我们可以从自然数集中移走无数元素，比如，删除所有奇数，集合的基数却依然如故，依旧满座，依旧无人落空：

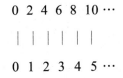

这便是无穷的定义：即便从中减去一些元素，其基数仍然维持不变。

偶数、奇数、自然数、整数——所有这些数集的基数相等，康托尔为这个数集的基数取名 $\aleph 0$（aleph 0，取自希伯来语字母表的第一个字母）。由于这些数字的集合与自然数（counting numbers）集的基数相等，因此一切基数为 $\aleph 0$ 的数集都称为可数集（countable set）。（当然，这些数集并非真的可数，除非你拥有无限多的时间。）就连有理数 [1] 集也是可数集。康托尔通过一个巧妙的方法证明了，有理数也是一

---

[1] 有理数指可以写成两个整数之比（ a/b，且 a 与 b 皆为整数）的数字。

个基数为 $\aleph_0$ 的数集（见附录 D）。

不过，正如毕达哥拉斯指出的，有理数并不能展露数字的全部面目，有理数集和无理数集一起方能组成所谓的实数集。康托尔发现，实数集的基数要比有理数集大得多。他的证明过程并不复杂。

假设我们手头已有一份完美的实数座位表：每一个实数都有一个对应的座位且无空置座位，这意味着，我们可以制作一份座位列表，标明每个座位对应的实数。我们制作的列表可能如下所示：

座位	实数
1	.3125123…
2	.7843122…
3	.9999999…
4	.6261000…
5	.3671123…
…	…

紧接着，康托尔将创造出一个不在这份列表上的实数。

首先，观察一下列表上第一个数字的第一个小数位（小数点后的第一个数字），在我们所举的例子中，这个数字是 3。假如新创造的这个数字与列表上的第一个数字相同，那么它第一个小数位也应该是 3——但是，我们可以轻易地规避这一点。那么，就假定这个新数字的第一个小数位是 2。换言之，既然列表上的第一个数字以 3 为开端，而我们的新数字以 2 为开端，那么这两个数字肯定不相等。（严格意义上并非如此，数字 0.300000… 就与数字 0.2999999… 相等，因为许多有理数都有两种表示方法。不过这只是小问题，很容易克服，所以为了叙述的简便，我们将忽略这个例外。）

接下来，让我们把目光投向第二个数字。我们该如何确保新数字与列表上的第二个数字不相等呢？很简单，仍旧采用和先前一样的策略就可以了。列表上第二个数字的第二个小数位是 8，那么，如果新数字的第二个小数位是 7，我们就可以保证新数字与列表的第二个数字不相等，因为只要有一个数位上的数字不一致，两个数字就不能视为相等。接着，改变列表上第三个数字第三个小数位上的数字，然后，更改列表上第四个数字第四个小数位上的数字，之后以此类推。

座位　　实数

1　.3125123…　新数字的第一个小数位为 2（与 3 不相等）

2　.7843122…　新数字的第二个小数位为 7（与 8 不相等）

3　.9999999…　新数字的第三个小数位为 8（与 9 不相等）

4　.6261000…　新数字的第四个小数位为 0（与 1 不相等）

5　.3671123…　新数字的第五个小数位为 0（与 1 不相等）

…　…　　　…

于是，我们可以得到一个新数字，.27899…。它：

不等于第一个数（它们第一个小数位上的数字不一致），

不等于第二个数（它们第二个小数位上的数字不一致），

不等于第三个数（它们第三个小数位上的数字不一致），

不等于第四个数（它们第四个小数位上的数字不一致），

并以此类推。

只要以相同的方法沿着对角线持续推行下去，我们就能创造出一个全新的数字，这个过程能够确保它不同于列表上的任意一个数字。如果它不同于列表上的任意一个数字，那么它自然不在列表上——然而，我们制作列表时已经假定了一个前提，那就是这份列表必须囊括所有实数，因为这个表单是完美的。矛盾由此而生。所谓的完美列表根本不可能存在。

实数集是一个基数比有理数集大得多的无穷数集，这类无穷集被称为 $\aleph_1$，是第一个得到证明的不可数（uncountable）集。（严格来说，描述实数轴上的无穷数集的术语应是 C，或连续无穷。多年来，数学家们一直试图证明 C 是否就是 $\aleph_1$。1963 年，数学家保罗·寇恩在哥德尔不完全备定理的帮助下，证明了所谓的连续统假设 [1] 既无法被证实，也无法被证伪。如今，尽管有一些研究，如非康托尔超限数，认为连续统假设存在谬误，但大部分数学家主张该假设为真。）在康托尔的理论体系中，无穷数集不止一个，而且它们的基数并不相同，因此，康托尔创造了超限数（transfinite numbers）来描述无穷数集的基数。其中，$\aleph_0$ 小于 $\aleph_1$，$\aleph_1$ 小于 $\aleph_2$，$\aleph_2$ 小于 $\aleph_3$，以此类推。端坐在这条递推链顶端的是公然挑衅人类的理解能力、势要吞噬所有其他无穷数的终极无限——上帝。

不幸的是，并非所有人对上帝的理解和憧憬都与康托尔一致。利奥波德·克罗内克是一位执教于柏林大学的杰出教授，他曾是康托尔的恩师。克罗内克笃信，无理数或不断增长的俄罗斯套娃式无穷数集等这一类丑陋事物不可能是上帝的创造。整数代表着上帝的纯粹，无理数和其他诡异的数集则通通都是令人憎恶的存在，是有瑕疵的人类思维的臆造之物，而康托尔的超限数更是其中最糟糕的一个。

对康托尔反感至极的克罗内克恶毒地攻击了康托尔的研究成果，使得其论文的发表举步维艰。1883 年，康托尔向柏林大学申请教职时遭到拒绝，于是，他不得不转而在声名略逊一筹的哈雷大学任教。在柏林大学甚有权势的克罗内克很有可能是这一切的幕后指使者。同年，康托尔撰写了一篇论文对克罗内克的攻击予以辩驳。然而，1884 年，压抑沮丧

---

① 该假设是说，无穷集合中，除了整数集的基数（集合中元素的个数），实数集的基数是最小的。

的康托尔终于支撑不住，第一次精神崩溃了。

　　康托尔的研究开创了一个全新的数学分支——集合论。数学家不仅能够从无到有地创造数字，更重要的是，在集合论的指导下，他们创造了我们前所未闻的一类数字——无限的无穷，它们之间可以像普通数字一样进行加减乘除的运算。康托尔开辟了一个崭新浩渺的数字宇宙。德国数学家大卫·希尔伯特曾这样说过："没有任何人能将我们从康托尔创造的伊甸园中驱赶出来。"然而，对于康托尔来说，这一切来得太迟了。在他的余生中，他几进几出精神病院，最终在 1918 年于哈雷的一家精神病院里与世长辞。

　　在与克罗内克的这场斗争中，康托尔获得了最终的胜利。康托尔的理论表明，克罗内克视若珍宝的整数，甚至是有理数，根本不值一提，它们只不过是一个无穷的 0 罢了。

　　在无穷无尽的有理数中任选两个数字，无论这两个数字的数值多么接近，它们之间永远横亘着无垠无边的有理数。有理数无处不在。但是，康托尔提出的"无穷集同样也有数量（基数）上的区别"向世人揭露了，有理数在数轴上占据的空间实际上是多么微渺。

　　为完成这一错综复杂的运算，数学家运用了一个非常高明的技巧。通常来说，不规则物体是很难测量的。比如，假设你发现家中的木地板上有一小块污迹，那么你该如何算出它的面积呢？如果污渍形似圆形、正方形或者三角形，那么求解应该不难，只须用尺子测量其半径或高和底边。然而，倘若它状如变形虫，现成的求面积公式皆不适用，你又该如何呢？还有另一个方法。

　　拿一张矩形地毯盖在污迹上面，如果地毯能够完全覆盖污迹，则说明污迹的面积小于地毯；假如地毯的面积为 1 平方英尺（929 平方厘米），那么污迹占据的面积必然小于 1 平方英尺。如果我们用的地毯越来越小，得到的近似值也会越来越接近真值。假设污迹能够被 5 张 1/8 平方英尺（116 平方厘）大的地毯完全覆盖，我们便能得知，污迹的面积最多只有 5/8 平方英尺，小于我们先前所取的 1 平方英尺的近似值。随着地毯越来越小，覆盖层也越来越接近污迹，换言之，各地毯的总面积正趋近污迹的真正面积。实际上，可以把污迹的面积定义为单位地毯面积趋向于 0 时的极限值（见图 43）。

现在，让我们用相同的手法来处理有理数，只不过这一次地毯换成了数集。比如，数字 2.5 被一张囊括了 2 到 3 之间的所有数字的"地毯"完全覆盖，那么地毯的面积为 1。若尝试用类似的地毯去覆盖有理

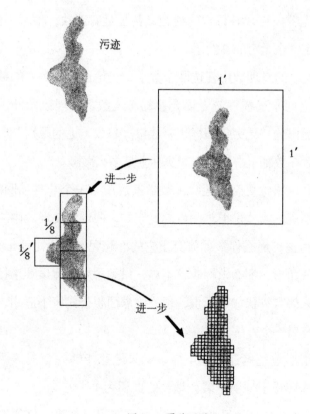

图 43：覆盖污迹

数，将会产生许多怪异的结论。康托尔的座位表方法很快能证明这一点。那张座位表将一切有理数包囊其中，一一为它们指定座位，所以根据它们的座位号码，我们逐一报出这些数字。取第一个有理数，想象它正处在数轴上，此时，我们拿一张面积为 1 的地毯盖住它，但同时我们也盖住了其他许多数字，不过我们无须担心这一点，只要第一个数字被妥善遮盖，我们的目的就达到了。

现在取第二个数字，并用一张面积为 1/2 的地毯覆盖它。然后取第三个数字，用一张面积 1/4 的地毯覆盖它，并以此类推，直至无穷。由于所有有理数无一不在座位表上，因此每一个有理数的身上都铺上了地毯。那么，地毯的总面积是多少呢？——又是我们熟悉的老朋友，阿基里斯求和。将所有地毯的面积相加，将得到表达式 $1+1/2+1/4+1/8+\cdots+1/2^n$，并且当 n 趋于无穷，表达式的总和等于 2。所以，一整套地毯能够完全覆盖数轴上的无穷有理数军团，而地毯的总面积为 2。这意味着，有理数占据的总空间少于 2 单位空间。

就像我们处理污迹问题一样，我们通过缩小地毯的面积以得到更接近真值的有理数"面积"。这一次，我们不从面积为 1 的地毯开始，我们从面积为 1/2 的地毯开始，而最终得到的地毯总面积为 1，也即有理数占据的总空间少于 1 单位空间。倘若我们一开始使用的是面积为 1/1000 的地毯，那么最后地毯的总面积应为 1/500，也就是说，有理数占据的总空间少于 1/500 单位空间。假如我们一开始使用的是面积为 1/2 原子的地毯，那么我们用来覆盖数轴上所有有理数的全部地毯的总面积将少于 1 原子。即便是这么小的地毯也能完全覆盖所有有理数（见图 44）。

我们可以随心所欲地令地毯面积变小，只要我们愿意，完全覆盖所有有理数的全部地毯的总面积可以缩小到只有 1/2 个原子、1 个中子、1

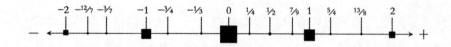

图 44：覆盖有理数

个夸克，甚至是任何你能想象到的微小事物的大小。

那么，有理数到底有多大呢？我们把它的面积定义为一个极限，即单位地毯的面积趋于 0 时全部地毯的总面积。同时，我们可以清楚地看到，随着单位地毯的面积越来越小，其覆盖的总面积也越来越小——小到比 1 个原子、1 夸克或者百万分之一夸克还小，即便如此，有理数也能被妥善覆盖。若某事物正永远无止境地变小，它的极限会是什么呢？

0。

有理数到底有多大？它们完全不占据任何空间。这样的结论也许很难接受，但它确实是真实的。

尽管有理数遍布整条数轴，但它们并不占据任何空间。若朝数轴投掷飞镖，它永远都不可能掷中一个有理数。永远。有理数十分微小，无理数则不然，因为我们无法为它们制作一张完备的座位表，然后将它们一一覆盖，永远都会有剩下的未被覆盖的无理数。克罗内克憎恶无理数，但是它们占据了整条数轴的所有空间。

到头来，无穷无尽的有理数无非是一个 0。

第 7 章

ZERO: THE BIOGRAPHY OF A DANGEROUS IDEA

绝对 0 度

物理中的 0

> 合理的数学是当一个量很小的时候可以忽略它，
>
> 而不是因为它呈无穷大而你又不想要才决定忽略它。
>
> ——P. A. M. 狄克拉

我们终于弄清楚了，无穷与 0 是密不可分的，它们在数学中占有举足轻重的地位。数学家别无选择，只能与它们朝夕共处。不过，对于物理学家来说，0 与无穷似乎同宇宙的运作方式毫无关联。加上无穷和除以 0 或许是数学运算的一部分，但并非大自然遵从的规律。

也许，这正是科学家们所期望的。当数学界正如火如荼地研究 0 和无穷之间的关系时，物理学家也与自然世界中的 0 不期而遇了。热力学中，0 成为一道无法逾越的屏障——可能达到的最低温度；爱因斯坦的广义相对论中，0 化身黑洞，一种能吞噬邻近宇宙区域的所有光线和任何物质的骇人天体。量子力学中，0 是某种怪异能量来源（它无处不在，无穷无垠，甚至存在于最深的真空里）和一种找不到施力者的幽灵之力的缘由。

0 热度

" 如果你能测量你所说的事物并用数字予以表达，说明你确实对它有所了解；但是如果你既无法测量它，也无法用数字表达它，说明你对它的所知是贫乏且难以令人满意的：它或许是知识的开端，但你几乎没有从思想上达到科学的阶段。"

——威廉·汤姆森·开尔文勋爵

　　物理学遭遇的第一个无可回避的 0 来自一条已经使用了半个世纪的规律。1787 年，法国物理学家雅克·亚历山大·查尔斯发现了这一规律，在这之前，他已经作为氢气球载人飞行第一人而扬名于世。然而，人们之所以记住他并不是因为他的飞行绝技，而是因为一则以他的名字命名的自然定律。

　　查尔斯和当时的许多物理学家一样，被气体之间各不相同的奇异特性深深吸引。氧气拥有令灰烬一下子燃烧起来的魔力，二氧化碳能让火焰瞬间熄灭，绿色的氯气是致命毒物，无色的一氧化二氮可以使人无端傻笑。不过，这些气体都具有一个共同的基本性质：遇热膨胀，遇冷缩小。

　　查尔斯发觉这一现象极具规律性和可预测性。取体积相等的任意两种气体，分别置于两个完全相同的气球中，若为它们同步加热，两个气球将一齐膨胀且步调一致。降温的情况亦是如此。而且，温度每升高或降低一摄氏度，气体膨胀或缩小的体积比例都是固定不变的。查尔斯定理阐述的就是气体体积与其温度之间的关系。

不过，19世纪50年代，英国物理学家威廉·汤姆森注意到查尔斯定理中有一个怪异之处——0的幽灵。温度降低，气球的体积也随之缩小；温度以一定的速度持续下降，气球也随之以一定的速度缩小，但是气球不可能一直不停地缩小下去。理论上，气体将在某一时刻缩小到再也不占任何空间，查尔斯定理也指出，装在气球中的气体肯定会一直缩小到0空间状态。0空间自然是可能达到的最小体积（因为气体肯定不可能占据体积为负的空间）。当气体缩小到这一程度，它就不再占据任何空间。倘若气体的体积与其温度密切相关，既然存在最小体积，那就必然相应存在一个最低温度。气体的温度不可能无限度地降低，因为当气球的体积缩小到最低值，其温度自然也无法再降低分毫。这就是绝对0度（absolute zero）——物体可能达到的最低温度，略高于摄氏温标零下273.15摄氏度。

汤姆森更多地被尊称为开尔文勋爵，而如今通用世界的温标，开氏温标，就是以他的名字命名的。在摄氏温标中，0度是水的凝固点；在开氏温标中，0度指的就是绝对0度。

气体若处于绝对0度状态，则意味着它已耗尽所有能量，但在现实世界中，这是不可能实现的。物体永远不可能降温至绝对0度，只能无限逼近而无法真正达到。利用激光制冷技术，物理学家可以使原子冷却至零上几百万分之一度，但宇宙间的一切事物都在齐心协力地阻止物质真正达到绝对0度，这是因为任何存有能量的物质都势必产生运动和辐射光线。例如，人类是由水分子和一些有机杂质组成的，所有这些原子在空间中不停活动，温度越高，原子运动越活跃。它们之间不断相互撞击，同时带动它们周围的其他原子运动。

假设你正试图将一根香蕉降温至绝对 0 度。为了耗尽香蕉蕴含的所有能量，你必须令它的原子停止运动，于是你把它放进盒子里并调低温。然而，放置香蕉的这个盒子也是由原子组成的，这些原子同样处于不停运动的状态，它们会撞击构成香蕉的原子，使香蕉的原子重新活跃起来。即便你把香蕉放进一个完美的真空盒子里，令它飘浮于真空中，其原子也不可能完全停止运动，因为粒子具有热辐射，盒子会持续地辐射出光线，撞击香蕉，从而令香蕉的分子再次开始运动。

一切原子——无论是构成镊子、冰箱线圈还是一浴缸液氮的原子——都时刻处于运动和辐射的状态，因此，香蕉必然不断吸收装盛它的盒子、用来进行操作的镊子、降温所用的冰箱的线圈等物体因运动和辐射而产生的能量，你很难用防护层将香蕉与盒子、镊子或者线圈完全隔离，况且，防护层本身也会辐射能量。所有物质都无可避免地受到其所处环境的影响，因此，将宇宙中的任一物质——无论是香蕉、方冰块还是一勺液氦——冷却至绝对 0 度是一项不可能完成的任务。绝对 0 度是一道难以跨越的屏障。

从牛顿定律可以品评出绝对 0 度这一发现的另一种内蕴。牛顿创建的方程等式赋予了物理学家强大的能量，使他们能够准确预测天体的运行和物体的运动。另一方面，开尔文发现的绝对 0 度则奉告了物理学家何为不能行之事，令他们明白绝对 0 度仅是一个永远无法抵达的终点。对于物理学界来说，这无疑是个令人失望的消息，但同时，一个全新的物理学分支学科正悄然发轫于此，它便是热力学。

热力学着重研究物质的热性质与能量的转换规律。与开尔文揭示的绝对 0 度一样，热力学中的许多规则也为科学家们设立了一道道无论如何努力也无法突破的关隘。譬如，热力学向世人宣告了永动机的不可实现性。热切的发明家们不断拿出一张又一张有关某类机器的设计蓝图，令各个物理学系和众多科学杂志应接不暇。这种机器的设计理念令人惊叹，它无须借助任何外界能源便能不断产生能量。不过，热力学法则明确指出，这样的机器是绝不可能存在的——又一道无论如何努力也无法突破的关隘。而且，机器在运作过程中是不可能不损耗能量的，它的部分能量势必以热量的形式挥散至外部环境中。（热力学比赌场还要恶劣，不管你多么用功，你都不可能有盈余，甚至连不赚不赔都是奢谈。）

热力学催生了另一个物理学科——统计力学。通过观察大量原子的共同运动，物理学家可以预测物质的宏观行为规律。比如，对气体的统计描述阐释了查尔斯定理的根由。气体温度升高时，平均运动速度加快，撞击容器壁的力度增大，气体施加于容器壁的压力也随之增大，因而压强上升。统计力学不仅能够阐明物质显露某些基本特质的缘由，更重要的是，它似乎能解析光的本性。

光的本性这一难题业已困扰科学界长达数个世纪。艾萨克·牛顿坚信，光是由来自每个发光物体的微小粒子组成的，不过，随着时间的推移，科学界逐渐达成共识，光并非由粒子组成，实际上它是一种波。1801 年，一位英国科学家发现光自身会互相干涉。这一发现似乎一劳永逸地平息了有关光的本质的全部争议。

所有类型的波都无法避免干涉现象的出现。往池塘掷下一颗石子，水中旋即出现环形涟漪——这就是波。池水上下振动，波峰及波谷以圆环状向外扩散。在池塘中同时掷下两颗石子，它们产生的涟波会彼此干扰，若把两个振荡的活塞沉入同一盆水中，这一现象将得到更清晰的展现。当一个活塞的波峰恰好撞上另一个活塞的波谷时，两者将相互抵消，仔细观察涟波的图纹，可以看到平静、不起波澜的直线纹路（见图 45）。

光的情况亦是如此。如果光束是透过两个细小缝隙照射进来的，那么势必存在光线照拂不到的区域，即无波区域（见图 46）。（你在家中

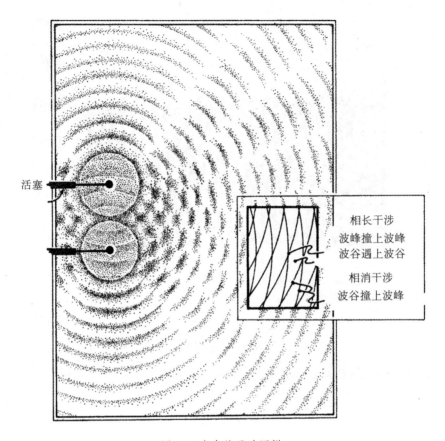

活塞

相长干涉
波峰撞上波峰
波谷遇上波谷

相消干涉
波谷撞上波峰

图 45：水中的干涉图样

也可以演示出类似的效果。双手手指交叉，中间留一些容许光线漏过的小缝隙，然后透过其中一条缝隙注视灯泡，你将看到若干条模糊的黑线，特别是在靠近缝隙顶部和底部的地方。这些黑线产生的原因也应归咎于光具有的波动性。）波以这种方式彼此干涉，微粒则不具备此种性质。因此，干涉现象的发现似乎彻底解决了光的本质问题，物理学家们也可以理直气壮地宣布，光不是粒子，而是一种电磁波。

　　这就是 19 世纪中叶人们对于光的认识，而这一主张似乎也与统计力

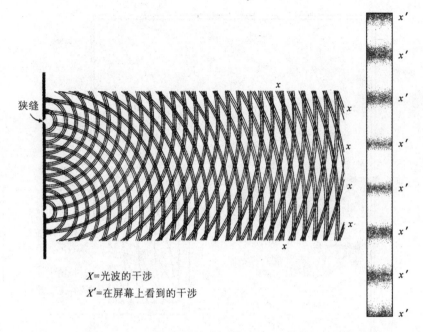

X=光波的干涉
X′=在屏幕上看到的干涉

图 46：光干涉

（若你把书本转向一侧并沿着页面看过去，你将在页面上观察到干涉图样）

学中的定理法则十分契合。统计力学揭露了组成物质的分子的运动规律，光的电磁波理论则指出，正是这些分子的运动引起了辐射的涟漪——光波[1]。统计力学的研究成果表明，物体温度越高，分子运动就越剧烈；同时，物理学家也指出，物体温度越高，该物体辐射的电磁波能量就越大。这是完全讲得通的。电磁波振荡速度越快，频率就越大，能量也就越高。（而且，频率越高，波长越短，波长即两个波峰之间的距离。）而且，热力学上最重要的定理之一，斯特藩·玻尔兹曼定律，似乎也暗示了分子

———————————

[1] 指电磁波谱中的可见光。

的运动与光的波动之间的紧密关系，该定理把物体的温度与它辐射的光能量联系在了一起。这是统计力学和光的波动说联袂取得的最大胜利。〔玻尔兹曼定律指出，辐射的能量与温度的四次方成正比。它不仅可以告知我们物体辐射了多少能量，还能推算出当一个物体被辐射一定能量时升高的温度。物理学家运用这一定律，加上《圣经·旧约》中的一篇文章，断定天堂的温度为 500 多开氏度（220 多摄氏度）。〕

　　遗憾的是，胜利没有持续很长时间。世纪之交，两位英国物理学家试图应用光的波动说解决一个简单问题，涉及的运算也十分明了。该问题是：一个空腔①将辐射多少光？通过运用统计力学中的基础公式（阐明分子运动规律）以及其他一些描述电场和磁场的相互作用规律的公式（阐明光的波动规律），他们得出一个描述空腔在任何特定温度下辐射的光波波长的公式。

　　这个以物理学家瑞利勋爵和詹姆斯·琼斯爵士的名字命名的瑞利·琼斯定律应用良好，在预测高温物体辐射的长波低能量光的数量方面贡献卓越，然而，在高能量光的领域里，该定律举步维艰。瑞利·琼斯定律断言，物体辐射的光越多，波长越短，辐射的能量越高。因此，当波长趋近于 0，物体的高能量光的数量应趋向无穷。根据瑞利·琼斯定律，不管温度多高，一切物体通通都在持续不断地辐射无穷大的能量，甚至是冰块也在辐射足以令周遭物体蒸发的紫外线、X 射线和伽马射线。这就是后人所称的"紫外灾难"。波长为 0 意味能量无限，0 与无限携手击垮了一个齐整精密的规律体系。解决这一悖论迅速成为物理学界的主要研究课题。

　　瑞利和琼斯并没有犯错，他们只是运用了一些物理学家公认合理有

―――――――――――

① 用于产生黑体辐射的实验室装置。

效的公式，再以恰当巧妙的方式对它们进行处理，最后得出一个答案，但这个答案并不能反映现实世界的运行规律。这些在当时受到广泛认可的定律无情地将我们引领进一个惊悚可怕的世界，在那里，冰块也能辐射出足以把人类文明摧毁殆尽的伽马射线。所以，这些物理定律中必然有一条是错的。但是，究竟是哪一条呢？

量子力学中的 0：无限能量

> 与哲学家眼中等同于虚无的真空相比，物理学家眼中的真空是一个内涵丰富得多的实体，它蕴藏着所有的微粒和力。
>
> ——马丁·里斯爵士

紫外灾难引发了量子革命。量子力学摆脱了传统光理论中的 0，从而移除了本该来自世间万物的无限能量。然而，胜利的曙光仍未降临。量子力学中的 0 指的是整个宇宙，包括真空，充斥着无限数量的能量——0 点能量（zero-point energy）。这反过来催生了宇宙中最怪异的一个 0——虚无的幽灵之力。

1900 年，德国实验者尝试弄清紫外灾难的问题。他们严谨细致地测量了不同温度下物体的辐射，最后宣布瑞利·琼斯定律无法正确预估物体辐射的光的数量。一位名为马克斯·普朗克的年轻物理学者仔细阅

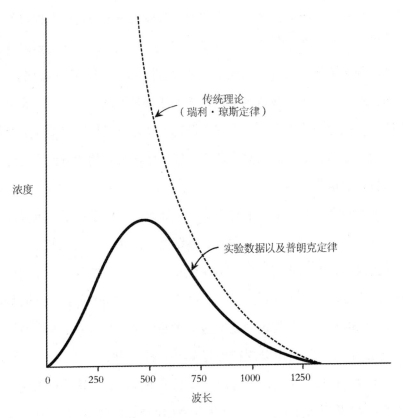

浓度

传统理论
（瑞利・琼斯定律）

实验数据以及普朗克定律

| 0 | 250 | 500 | 750 | 1000 | 1250 |

波长

图 47：瑞利・琼斯定律趋向无穷，而普朗克的公式则保持有限

读了最新的实验数据，之后的几个小时里，他灵感如泉涌，想出了一条取代瑞利・琼斯定律的新公式。普朗克的公式不仅能够解释新近测量得到的数据，而且一举解决了紫外灾难。此公式不会随着波长减短而向着无限狂奔而去，换言之，能量不会随着波长变短而无限增大，相反，当波长缩短至某一点，能量将停止增长，并开始变小（见图 47）。不幸的是，虽然普朗克提出的公式是正确的，但它产生的后果远比它解决的紫外灾难问题令人困扰。

问题的出现是因为统计力学的常规假设，即物理定律，无法解释普朗克的公式，原有的物理法则必须做出改变方能契合普朗克提出的新公式。后来，普朗克形容自己的所为是"绝望之举"，只有绝望才能迫使一个物理学家鼓起勇气对物理定律做出这样一个看似癫狂的改变——据普朗克所言，在大多数情况下，分子的迁移是不被允许的，只有具备特定能量值的分子才能振动，这些所谓的"特定能量值"只能是某个最小数值的整数倍，这个最小数值被称为能量子。分子的能量值不可能介于这些特定能量值之间。

这个假设乍听之下似乎并不是十分怪诞，但关键在于，世界的运作方式并非如此，自然界的运动不是跳跃式的。倘若有人说世界上的人要么 5 英尺高，要么 6 英尺高，不存在介于两者之间的身高，或者说，一辆车一个小时行过的路程要么是 30 英里要么是 40 英里，但绝不可能是 33 或 38 英里，你肯定会觉得这个人要么是个蠢货要么是个疯子。然而，"量子汽车"的运动规律恰是如此。前一刻，你正驾着车以 30 英里每小时的速度往前奔驰，此时，你踩了下油门，车辆的行驶速度瞬间突变为 40 英里每小时，任何介乎两者中间的速度都不被容许存在。要从 30 英里每小时突变为 40 英里每小时，你必须完成一次量子跃迁。同样，"量子人类"长大成人的过程也不容易，他们会在 4 英尺这一高度徘徊数年，然后蓦地一蹿，瞬间长到 5 英尺。总而言之，量子假说违反了我们的一切日常经验。

尽管它似乎与自然的运行规律格格不入，但无论如何，在普朗克的古怪假说（分子振动是量子化的）的引导下产出的公式能够正确预估物体辐射的光的频率。虽然物理学家们很快就意识到，普朗克的公式是正确的，但他们始终无法泰然接受量子假说，因为它实在是太过离奇了。

一个大学入学考试失败的年轻人将彻底扭转这一局面，把量子假说转变成一个不争的事实。阿尔伯特·爱因斯坦，一个 26 岁的专利局技术员，向整个物理学界郑重阐明，自然的运转方式是量子化的，而不是连续渐变的。此后不久，他将成为一个他曾参与建构的理论的头号反对者。

爱因斯坦看起来并不像一个革命者。当马克斯·普朗克把物理世界搅得天翻地覆之际，阿尔伯特·爱因斯坦正在为一个职位努力奋争。手头拮据的他无奈之下只能暂时在瑞士专利局供职，这与他原本想找的大学助教职位相去甚远。1904 年，彼时的爱因斯坦已结婚并育有一子，仍在专利局干着那一份几乎不可能引领他走向伟大之路的工作。不过，1905 年 3 月，他撰写了一篇论文，正是这篇论文使他最终获得了诺贝尔奖。该论文对光电效应进行了详尽的阐述，令量子力学成为研究的主流。一旦量子力学受到认可，0 的神秘力量也将被欣然接纳。

光电效应首次显露真容是在 1887 年，当时，德国物理学家海因里希·赫兹发现，紫外线光束可以令金属盘冒出火花，也就是说，当光束照射在金属上，电子会外溢。对于经典物理学家来说，这一现象实在十分令人费解。紫外线是具有高能量的光，于是，科学家自然而然地推断道，需要耗费相当多的能量才能激发电子使其脱离原子。但是，根据光的波动理论，提高光的亮度也能使光获得高能量。比如，一道非常明亮的蓝光蕴含的能量可能和一道暗淡的紫外线一样多，因此，耀眼的蓝光应该也能将电子打出金属表面，就像暗淡的紫外线光束所做的那样。

但实验结果表明，事实并非如此。即便是极其昏暗的紫外线（高频率）光束也可以激发电子使其飞逸出金属表面，然而，若降低光束的频率，即令光束逐渐转换为红光，一旦它低于某个临界阈值，火花瞬间湮灭。无论光束多么光亮夺目，只要其颜色不合宜，所有的电子都会稳当地待在金属中，无一逃逸。如果光的波动理论成立，这样的现象就不该出现。

爱因斯坦化解了这个窘境，消除了光电效应带给人们的困惑，但他的解决方法比普拉克的假说更具革命颠覆性。普拉克提出，分子的振动是量子化的，爱因斯坦则主张，光是由一颗一颗的光子组成的光子流，其能量负载于光子，换言之，光的能量分布形式并不是均匀连续的。这个观点与当时公认的光理论相冲突，因为它意味着，光不是一种波。

然而，如果光的能量确实如爱因斯坦所言，是以"一包一包"的形式存在的，那么光电效应带来的困惑将迎刃而解。射向金属表面的光如同一颗颗子弹，当子弹击中电子，会对它产生一个推力，如果子弹蕴含的能量足够多（即光的频率足够高），就能击出电子，使其脱离原子的束缚；如果组成光的微粒蕴含的能量不足以推动电子逸出，电子将留在原地不动，光子则飞掠而过。

爱因斯坦的大胆假设出色地解释了光电效应。光的波动说已经在物理学界岿然屹立了超过一个世纪的时间，爱因斯坦主张的"光是由量子化的光子组成的"这一观点与它截然对立。事实上，后来的物理学研究表明，光既具有波的本质，同时也蕴藏着粒子的特性，有时表现得像波，有时又表现得像粒子。光既不是波，也不是粒子，而是两者的综合体。这样的概念也许十分叫人费解，但它是量子理论的核心所在。

量子理论认为，一切物质，包括光、电子、光子、小狗，都具有波和粒子的双重性质。然而，所谓的"波和粒子的双重性质"究竟是什么呢？数学家知道该如何描述：他们采用波函数来描写微观物质的波粒二象性状态，波函数是微分方程——薛定谔方程的解。遗憾的是，基于数学语言的描述并不具备直观意义，将这些波函数具象化是近乎不可能达成的任务①。更糟糕的是，当量子力学的种种复杂特性被物理学家逐步揭露，古怪的事情开始层见叠出，其中最诡异的一桩或许是由量子力学方程公式中的一个 0 引起的——0 点能量。

这股怪异的力量交织在量子宇宙的数学等式中。20 世纪 20 年代中期，德国物理学家沃纳·海森堡发现，这些方程等式中包藏着一个可怕的结论——不确定性。海森堡的不确定性原理便是这股虚无之力的缘起。

不确定性这一概念与科学家描绘粒子状态的能力有关。譬如，假如我们想要找出某一指定粒子，我们就必须确定它的位置和速度。海森堡的不确定性原理却告诉我们，我们做不到，虽然这件事情看上去十分简单。不管我们如何竭力用功，我们都无法同时确定粒子的位置和它的速度，因为测量某个东西的行为会不可避免地干扰那个事物，从而改变它的状态。

为了测量某件事物，你必然会对它造成一定的刺激。比方说，假设你正在测量一支铅笔的长度，你可以伸展手指沿着笔身做估测，然而，你极有可能会碰到铅笔，不经意间轻推了一下它，从而稍许扰乱了铅笔的速度。还有一个更好的办法，那就是拿一把尺子小心翼翼地放置在铅笔近旁，但事实上，对比两个物体长度的过程同样会细微地改变铅笔的速度。我们之所以能看见铅笔，是因为照在铅笔上的光经铅笔发射进入了我们的眼睛，也就是说，光子撞上铅笔后被反弹了出来，尽管撞击产生的推力极其微弱，但仍会稍许改变铅笔的速度。不管你采用什么方式

---

① 试着把波函数（严格来说，应该是波函数的平方）视为一种测量的手段，它可以预测在某时刻某位置发现粒子的概率。比如说，空间中的一个电子的运动轨迹已被人为抹去消除，而你正试图通过测量找出它目前的位置所在，此时，波函数可以帮你测算出你在空间任意一个给定点找到该电子的概率。但爱因斯坦非常反对这样的处理方式，他的名言"上帝不会掷骰子"就是他对量子力学及其推崇的概率性的驳斥。然而，对于爱因斯坦来说很遗憾的是，量子力学的法则在实际应用中十分有效，传统经典物理学根本无法为量子效应提供合理的解释。

测量铅笔，在这过程中你总会对它产生力的作用。海森堡的不确定性原理表明，我们永远不可能同时精准地测量出铅笔的长度——抑或电子的位置——及其速度。实际上，对粒子的位置掌握得越精准，就越难了解它的速度，反之亦然。假如你确凿无误地定位了电子的所在，即你确切知道在某一特定时刻电子在哪里，那么，你必定对它的速度一无所知；反过来，假如你 0 误差地掌握了粒子的速度，那么，你对其位置的估测必定错漏百出，或者说，你压根不可能知道它在何处[1]。你永远无法同时知晓这两者，如若你对其中一个有所了解，那么你对另外一个的认知必定蕴含着不确定性——这是另一条颠扑不破的法则。

海森堡的不确定性原理不只适用于人类的测量行为，与热力学的定理一样，该原则也能诠释自然本身。不确定性令宇宙盈满无限能量。假设在宇宙空间中有一个极其微小的盒状容器。若要分析此时盒内的状态，我们可以提出许多设想。比方说，我们能够大致了解盒子里的粒子的位置，因为它们不可能跑出盒子外，它们的活动范围只能局限于此容器内。此时，由于我们对粒子的位置有所了解，根据海森堡的不确定性原理，我们对粒子速度——或者说能量——的认识势必怀有不确定性。当容器的体积越缩越小，我们对粒子能量的了解也越来越少。

这一主张在无垠宇宙的每个角落都能成立——不管是地球的中心抑或是苍穹最深处的虚空，这意味着，对于某个体积充分小的物质，甚至是真空所蕴含的能量，我们始终无法确切知晓。对真空蕴藏的能量多寡怀有不确定性，这听起来实在十分荒谬。按照定义，真空即空无一物的空间，不存在粒子，不存在光，不存在任何物质，因此，真空也不应该

---

[1] 准确来说，海森堡的不确定性原理谈及的并非粒子的速度，而是粒子的动量，这一物理量与速度、运动的方向以及粒子的质量有关。不过，在本文的阐述中，动量、速度，甚至能量几乎可以互换使用。

具有能量。然而，按照海森堡的主张，我们不可能无误掌握在某一时刻一定体积的真空所蕴含的能量数量。一小块体积的真空所蕴含的能量必定时刻处于波动状态。

那么，空无一物的真空怎么可能具有能量呢？答案就藏在另一条公式中——爱因斯坦著名的质能公式 $E=mc^2$。这个简洁的公式把质量同能量联系了起来：物体的质量等于一定数量的能量。〔实际上，粒子物理学家从不用一般的质量或重量单位如千克、磅等来表示电子的质量，他们会说，电子的静止质量为 0.511MeV（兆电子伏特）——电子伏特为能量单位。〕真空中的能量波动与质量波动其实是一回事。基本粒子不断在真空中出现而后消失，周而复始，犹如一只只小型版的柴郡猫[①]。真空从来都不是"真"的"空"，它充斥着虚粒子（virtual particle），在真空中的任意一点，都有无数的虚粒子突然成堆出现然后消失。这就是 0 点能量，存在于量子理论公式中的无限。严格来讲，零点能量是无限的。你家烤箱内的空间所蕴含的能量，要比世界上所有煤矿、油田和核武器中存储的能量还要多。

若等式中出现无限的踪影，物理学家通常会认为，中间肯定有什么差错，因为无限不具有物理上的意义。0 点能力也不例外，大多数科学家完全无视它的存在，假装 0 点能量就是 0，虽然他们心知肚明，0 点能量是无限。这样的虚构假设十分实用，而且通常无关紧要。然而，在某些情况下并非如此。1948 年，两位荷兰物理学家亨德里克·卡西米尔和德克·波尔德首次发现，0 点能量并非在所有情况下都能忽略不计。两位科学家在研究原子之间的力时发现，他们的测量数据与公式推算的

---

① 柴郡猫是英国作家路易斯·卡罗尔创作的童话《爱丽丝漫游奇境记》中的虚构角色，形象是一只咧着嘴笑的猫，拥有能凭空出现或消失的能力，甚至在它消失以后，它的笑容还挂在半空中。

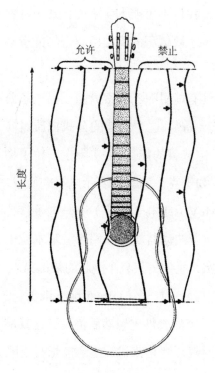

图 48：吉他弦上的禁止音调

结果并不吻合。在寻求解释的过程中，卡西米尔觉得他切实地感受到了那股来自虚无的力量。

这股力的秘密就潜隐在波的性质中。古希腊时代，毕达哥拉斯留意到了在弹拨乐器上来回击荡的波具有的独特行为特征，即某些音调可以出现在乐曲中，而其他一些却不被容许。毕达哥拉斯弹拨一下单弦琴，得到一声清脆的鸣响，其音调称为基础音调，然后他把手指移至琴弦的中间位置，再次拨动琴弦，得到另一声动听的音响，但这次的调子比基础音调高了 8 度。若把撩拨音弦的位置再下移 1/3，又会奏出另一个悦耳音调。但是毕达哥拉斯察觉到，并不是所有音调都能自如出现。他随意地在琴弦的不同位置上弹拨，却很少能弹奏出清晰明亮的音调，只有少数音调能在琴弦上奏响，大多数都被排除在外（见图 48）。

物质波与琴弦波相差无几。就像某特定尺寸的吉他弦难以弹奏出所有音调一样——一些波动被"禁止"出现在琴弦上——某些粒子的波动也不被容许出现在盒子中。比如，使两个金属薄盘紧紧靠在一起，此时，不是每一种粒子都能进入它们的内部，只有那些波动与盒子的大小相容的才被允许进入（见图 49）。

卡西米尔意识到，被禁止进入的粒子波会影响真空的 0 点能量，因为

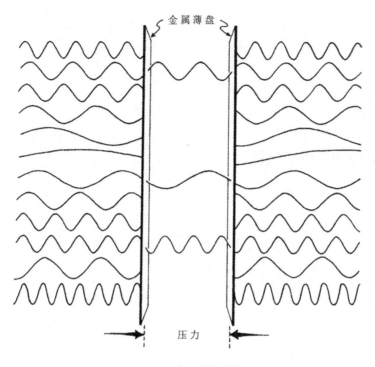

图 49：卡西米尔效应

每一处都有粒子在瞬息之间生灭变迁。如果两个金属薄盘贴得很近，而某些粒子又被排除在外，不予进入，那么金属板外的粒子将多于金属板之间的粒子。未经削弱的粒子将挤压金属板外壁，加之两块金属板间的粒子未得到完全补充，最终两个金属薄盘会逐渐靠近，即便是在最深的真空也不例外。而这种生于虚无的力量就是真空的力量。这就是卡西米尔效应。

尽管卡西米尔体会到的这股从无而生的力量神秘得犹如科幻小说中的造物，但它的的确确是真实存在的。它十分微弱，因此很难测量，但在 1995 年，物理学家史蒂文·拉莫尔奥克斯直接测验捕捉到了卡西米尔效应。他把两个镀金薄盘放在灵敏的可移动测量装置上，观察它需要耗费多少力才能抵消卡西米尔力对两个镀金薄盘产生的压力。实验的结果大约等于蚂蚁重量的三万分之一，与卡西米尔的理论预测一致。也就是说，拉莫尔奥克斯成功测量到了真空产生的力。

相对论中的 0：黑洞

> "（星体）像柴郡猫一样消失得无影无踪。一个只留下了它的笑容，而另一个则留下了它的万有引力。"
>
> ——约翰·惠勒

量子力学中的 0 赋予了真空无限的能量，另一个伟大的现代物理学理论——相对论中的 0 则创造了另一项悖论：无限虚无的黑洞。

与量子力学一样，相对论也缘起于光的研究。这一次引起纷争的是光的速度。对于宇宙中大多数物体的运动速度，并不是每个观察者都持相同的看法。比如，假设有一个小男孩正在往不同的方向扔石子，一个正靠近他的人感受到的石子速度显然要快于一个正远离他的人感受到的石子速度，石子的速度似乎取决于观察者的运动方向与速度。同样，光的速度应该也取决于观察者是朝向发光的灯泡奔跑还是背离它远去。1887 年，美国物理学家阿尔伯特·迈克尔逊和爱德华·莫雷试图测量这一效应，实验结果令他们十分困惑。测量数据证明，不同方向上的光的速度是相同的，并无二致。那么，这又是怎么一回事呢？

1905 年，年轻的爱因斯坦再一次给出了答案，而且，他提出的简单假说再一次引起了物理学界的巨大震动。

　　爱因斯坦提出的第一个假设似乎相当浅显易懂。他认为，如果有许多人正在观测同一个物理现象，比如一只乌鸦飞往一棵大树，那么物理定律对于每一个观察者来说都是相同的。假如有两个观察者，一个站在地上，另一个则坐在一辆运行轨迹与乌鸦平行的疾驰火车上，把两人的观察笔记做一番对比，你会发现，他们对乌鸦和大树的运动速度的看法并不一致，但飞行的最后结果是相同的：几秒钟之后，乌鸦到达大树。两个观察者在这一点上达成了共识，虽然他们对一些细节的看法略有差异。这就是相对论。（我们在这里讨论的是狭义相对论。狭义相对论对探讨的运动类别有所限制，它要求每个观察者必须做匀速直线运动，换句话说，他们不具备加速度。广义相对论则没有这些限定条件。）

　　第二个假设则有些令人费解，尤其是它貌似与相对论相矛盾。爱因斯坦假定，无论观察者自身的运动速度是多少，对于他们来说，真空中的光速都是相同的，该速度以字母 c 表示，大约为 3 亿米每秒。如果有人拿着手电筒照向你，光就是以 c 的速度朝你冲涌而去，不管拿着手电筒的人是静立不动还是正靠近你抑或是远离你，从你的角度看——以及从其他所有人的角度看，光束运动的速度都是 c。

　　这一假设挑战了物理学家关于物体运动的普遍观点。倘若乌鸦的运动类似于光子，那么站在地上的观察者和坐在火车上的观察者对乌鸦飞行速度便能取得一致意见，那就意味着，两位观察者对乌鸦何时抵达大树的看法将出现分歧（见图 50）。爱因斯坦意识到有一个方法可以解决这个问题：基于不同观察者的速度，时间的流动也会产生变化。也就是说，火车上的时钟一定比静止于地面的时钟转得慢，地上观察者经历的 10 秒对于火车上的观察者而言大概只有 5 秒长。对于一个急速飞奔的人来说，情况也是如此，他的计秒表或许只嘀嗒流过了 1 秒，但静立的

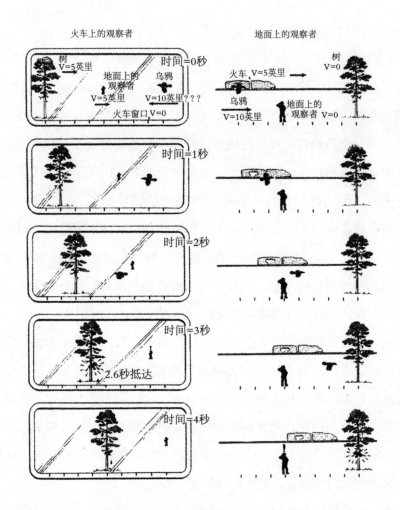

图 50：乌鸦的恒速意味着时间必定是相对的

观察者会觉得时间肯定不止过去了 1 秒。如果一名宇航员以 9/10 光速的速度进行了一次长达 20 年（根据他随身携带的计时器的记录）的太空旅行，当他重归地球时，他应该和人们预期的一样年长了 20 岁。然而，留在地球上的人已经老了 46 岁。

随物质运动速度的变化而变化的不只有时间，还有长度和质量。物

体的长度和质量会随着其速度的上升而相应变短、增加。例如，在 9/10
光速的速度下，1 米长的标尺可能缩水到只有 0.44 米，一袋 1 磅的白糖
或许会激升至 2.3 磅——从静止的观察者的角度看。（当然了，这并不
意味着你可以用这袋白糖烘焙出更多的饼干，从白糖的角度看，它自身
的质量并没有任何变化。）

　　时间流动的这一可变性特质或许有些难以理解，但它是可以被观察
到的。当一个亚原子粒子以极速运动时，它存活的时间将长于其预期的
衰减所需时间，因为它的时钟指针减缓了流逝的脚步。一个计时非常精
准的钟表若乘上一架疾驰如风的飞机，其指针旋转的速度同样也会有所
迟缓。爱因斯坦的理论成立了。不过，成功的表象之下还暗伏着一个棘
手的问题——0。

　　宇宙飞船的速度越趋向光速，时间的流逝就越缓慢。假如飞船以光
速遨游于太空，那么船上时钟的 1 秒就相当于地上的无穷秒。在零点几
秒内，数以十亿计的岁月转瞬即逝，在这倏忽间，宇宙或许已经迎来了
它的最终宿命，在大爆炸中被湮灭了。而对于飞船上的宇航员来说，时
间静止了，时间的流动被归为一个乘以 0 的运算。

　　好在要停下时间的匆匆脚步并非易事。随着宇宙飞船的速度增加，
时间的流动确实变得越来越慢，但同时，宇宙飞船的质量也正逐渐增
大，就像推动一辆婴儿车，车上的婴儿正越变越大，很快便长成了相扑
选手——要推动一个相扑手可不容易。你推着婴儿车越行越快，但婴儿
已然重得像一辆卡车，然后是战舰、行星、恒星、银河系……婴儿越来
越重，你的推力所起的作用便越来越小。宇宙飞船的情况亦是如此。飞
船不断加速，越来越接近光速，但不久之后，它已太过沉重以致再也无
法向前推进。宇宙飞船——或其他任何具有质量的物质永远都不可能达
到光速，光速只是一个极限值，只能无限迫近而无法真正实现。自然筑

起自卫的堡垒，躲过了来自这个不守规矩的 0 的侵害。

　　然而，即便是对大自然而言，0 也有些过于强势了。当爱因斯坦把相对论推广至重力时，他从未想过他新提出的这些方程式，即广义相对论，将勾勒出终极之 0 的轮廓以及释放出最凶猛的无限——黑洞。

　　爱因斯坦的方程将时间和空间视为同一种事物的不同方面。我们已然习惯性地认为，只要加速，空间中运动的方式旋即发生改变，或加速或减速。但爱因斯坦提出的公式表明，加速度不仅改变了物体穿越空间的方式，而且还改变了其在时间维度上的运动方式，它可以加速或减慢时间的流动。因此，当赋予某物体一个加速度，即向它施加一个外力，可以是重力也可以是巨型的象鼻状宇宙柱的推力，那么该物体在空间和时间，即时空间的运动将发生转变。

　　"时空"是个不易领会的概念，但我们可以用一个类比来帮助理解。时间和空间就像一个巨大的橡胶板，行星、恒星和其他一切天体都坐落在这块橡胶板上，并且会令它稍许弯曲，我们把这种弯曲称为曲率，而曲率会产生引力。坐落在橡胶板上的物体质量越大，橡胶板的弯曲程度越大，在物体周围激起的涟漪就越大，引力就是物体卷入涟漪的倾向。

　　橡胶板的曲率不仅是空间的曲率，同时也是时间的曲率。大质量的天体不仅会引起附近空间的弯曲，也会引起时间的弯曲，随着曲率的增大，时间的流逝会变得越来越迟缓。同样的情况也发生在物体的质量上。经过十分弯曲的空间区域时，物体的质量将显著增加，这种现象称为物质膨胀。

　　这个类比解释了行星运行轨道的形成缘由。以地球绕太阳来说，太阳的质量决定它附近时空的曲率，地球受此曲率的影响就会以近乎椭圆形的轨道绕日运行。恒星附近的光不沿直线传播，1919 年英国天文学家亚瑟·爱丁顿爵士在一次远征途中观测到了这一现象。爱丁顿在观察日全食期间测量了太阳附近某颗星星的位置，捕捉到了爱因斯坦所预言的时空曲率，证实了他的理论（见图 51）。

爱因斯坦还预言了一种更加凶险的物质实体——黑洞。这种天体密度奇大，任何物体都无法从它周围逃脱，甚至连光也不例外。

和所有天体一样，黑洞的产生也始于一团巨大的高温气体（主要是氢气）。如果由其自生自灭，足够庞大的气团会在自身重力的作用下迅

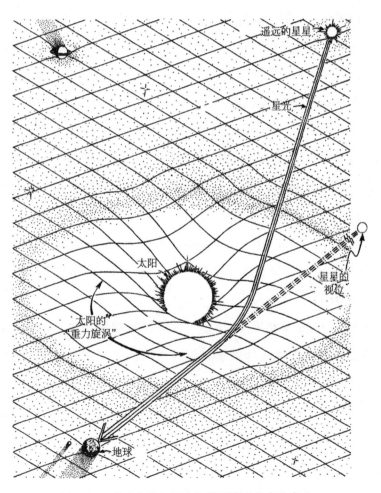

图 51：万有引力使经过太阳周围的光线发生弯曲

速收缩坍塌，把自己碾压成一个密实的星体。对于人类而言幸运的是，并非所有恒星都会继续坍陷，因为在其内部还有另一股力与之抗衡——核聚变。但是，一旦恒星坍塌，其温度和密度皆急剧升高，氢原子相互猛烈碰撞，最后，由于恒星的温度及密度过高，氢原子全部黏合在一起，发生聚变，产生新元素氦，并释放大量能量。这股能量从恒星中心喷涌而出，使恒星少许膨胀。在其存在的大部分时间里，恒星都处于一种不稳定的危险平衡状态，恒星内部氢原子聚变产生的能量与恒星自身产生的、令恒星有坍塌倾向的万有引力相抗衡，以维持恒星结构的稳定。

但这种平衡终有被打破的一天，恒星内部可供聚变的氢原子数量有限，一段时间之后，聚变反应减弱，平衡摇摇欲坠。（这个过程持续时间的长短取决于该恒星的大小。具有讽刺意味的是，恒星越大，内部的氢原子越多，其寿命越短，因为它的焚烧更加炽烈。太阳还剩下大约50亿年的燃料，对此我们不应盲目乐观，因为在这之前，太阳的温度将逐渐升高，届时汪洋蒸腾，大地龟裂，地球将变成和金星别无二致的不宜居荒漠。人类要是还能在地球栖居10亿年，我们就该暗自庆幸了。）经过一系列旷日持久的垂死挣扎（事情的具体进展次序取决于恒星的质量），恒星的聚变熔合引擎终于停工，恒星则在其自身万有引力的催压下坍塌瓦解。

一条名为泡利不相容原理的量子力学法则保护物质不被自身碾碎成末。不相容原理由德国物理学家沃尔夫冈·泡利发现于20世纪20年代中期，该原理的大概内容是，在同一地点同一时刻不可能同时存在两个事物，特别是永远不可能迫使两个量子态相同的电子进入同一位置。1933年，印度裔物理学家苏布拉马尼扬·钱德拉塞卡发现，在对抗重力挤压方面，泡利不相容原理能力有限。

恒星承受的压力增大时，据不相容原理所言，内部电子将加快运动速度以免相互碰撞，但是速度存在极限，电子的运动速度不可能快于光速。也就是说，当物质所受压力增大到一定程度，使电子速度增至极限，那么，该物质只能直面最终的命运——坍塌。钱德拉塞卡指出，只要恒星质量大于太阳的 1.4 倍，恒星就拥有足够大的万有引力击溃泡利不相容原理。换言之，一旦恒星质量超出这一所谓的"钱德拉塞卡极限"，电子再无力阻止恒星的坍缩，因为恒星的万有引力实在太过强大，电子只能无奈放弃抵抗，而后猛烈地撞向质子，并生成中子。于是，庞大的恒星变成了一个巨型的中子集合而成的球体——中子星。

进一步地演算推断，当发生坍缩的恒星仅稍微超过钱德拉塞卡极限，其产生的中子间的压力（与电子的压力相似）可以少许延缓后续坍缩的进程，这就是中子星的情况。此时，恒星密度很大，一茶匙重达亿万吨。然而，中子能够承受的压力也是有限度的。一些天体物理学家主张，只要再施加一点挤压便能令中子星解体，新生成一种名为夸克星（夸克是中子的构成成分）的星体。它是最后的要塞据点，此后，所有的一切都将分崩离析。

当一个质量极其巨大的恒星发生坍缩，它的最后结局是从此消失。万有引力过于强大，以致物理学家所知道的宇宙中的一切力都无法与它抗衡，不管是电子间的互斥力还是中子间的压力，抑或是夸克之间的压力，皆不能阻止恒星的坍塌。垂死的恒星越缩越小，越缩越小……最后变成 0。恒星将自己挤压聚集成占据空间为 0 的一点——这就是黑洞，一个充满矛盾的物体，一些科学家甚至坚信人类可以利用黑洞进行超光速以及时光倒流的旅行。

黑洞的奇特属性的关键之处在于扭曲时空的方式。黑洞完全不占据空间，但它有质量，因此它会引起时空弯曲。一般来说，这不会引发什么大问题。越接近质量重的恒星，时空曲率就越大，但是，一旦越过恒星外缘，曲率便再次减弱，并于恒星中心降至最低点。黑洞则不然，黑洞是一个不占据空间的点，所以它没有所谓外缘，也没有地方供弯曲的空间再次展平。越趋近黑洞，时空曲率越大，且丝毫没有减缓的趋势，因为黑洞不占据任何空间，因此曲率终将趋向无穷，黑洞将在时空中撕裂出一个空洞（见图 52）。黑洞的 0 是一个奇点，是宇宙构造中的一个裸露创口。

又一个难以理解的概念！光滑而连续的时空可能存在裂缝，但是，裂缝中的情况我们无从知晓。爱因斯坦对奇点这一观点深感不安，以致他断然否认黑洞的存在。但这一次他错了，黑洞是切实存在的。然而，黑洞的奇点实在太过邪恶危险，因此大自然一直设法遮掩它的存在，不

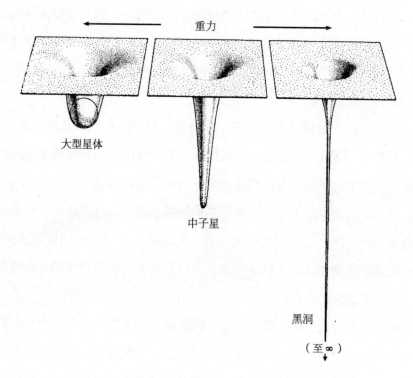

图 52：与其他天体不同，黑洞会在时空结构上撕开一个洞

让任何人窥见黑洞中心的那个 0。大自然中有一个"宇宙监督员"。

这个监督员就是万有引力。若你朝上扔石子，石子将在地球重力的作用下坠回地面，然而，假如你投掷石子的速度足够快，它便不会落回地面，而是急速上升直至冲出地球的大气层，逃离地球引力的势力范围。这就是 NASA（美国国家航空航天局）发射火星探测器的粗略原理。天体表面上物体摆脱该天体万有引力的束缚飞向宇宙空间所需的最小速度称为逃逸速度。黑洞的密度之大，以致其逃逸速度竟然快于光速。由于黑洞的万有引力拉力过于强大，空间过于弯曲，因此当物体接近黑洞，进入所谓的"视界"[①]，就再无力逃脱，甚至连光也难逃此劫。

尽管黑洞也属恒星类别，但它发出的光无一能够穿越视界并成功逃离，这就是黑洞之所以"黑"的原因。观察黑洞奇点的唯一方式是自己亲身穿过视界去看一看。不过，即便你身着坚固非凡的航天服，可以保护你不被拉扯成一根太空面条，你也不会有机会跟别人分享你的所见所感，因为一旦进入视界，无线电信号便不可能再逃离黑洞的引力魔爪——其实你也一样。飞越视界的边缘就如同跃下宇宙的边沿，踏出一步，前方就是万劫不复。这就是宇宙监督员的威力。

尽管大自然极力为黑洞奇点打掩护，但科学家还是察觉到了黑洞的存在。在人马座的方向、银河系的中心就有一个特大质量的黑洞，其质量相当于 250 万个太阳，天文学家业已观测到在其周围曼舞的群星，只不过它们的舞伴是一位我们看不见的隐形人。尽管黑洞不可见，但它周遭天体的运动轨迹却昭示了它的存在。虽然科学家可以探测到黑洞的存在，但坐落在其中心的那个 0，即奇点却依旧隐蔽在视界的重重守卫之后，从未显露真颜。

---

① 黑洞的边界称为视界。

　　其实这是一件好事。倘若没有视界，没有宇宙监督员努力遮掩奇点使它不暴露在众目睽睽之下，那么将会出现一些非常怪异的事情。理论上，借助一种称为虫洞的结构，没有视界包围住的裸奇点可以令超光速航行和穿越时间的时光旅行成为现实。

　　让我们重新回到上文提及的橡胶板类比。奇点是一个曲率无穷大的点，是时空结构中的一个空洞，而在某些特定情况下，这个空洞是可以被延展的。譬如，数学家计算出，若黑洞处于旋转状态或负有电荷，其奇点将从一个点、一个时空中的一个微小空洞延展成为一个圆环。根据物理学家的推测，可能存在空间隧道将两个相隔遥遥的环状奇点连接起来，而这个隧道就是虫洞（见图 53）。穿过虫洞可到达空间上的另一地点，也有可能出现在时间轴上的另一节点。单从理论上讲，虫洞既能够在瞬息之间将你传送到半个宇宙之遥的另一处空间，也能够让你在时间河流上来回穿梭（见附录 E），你甚至可以穿越到过去，在你母亲邂逅

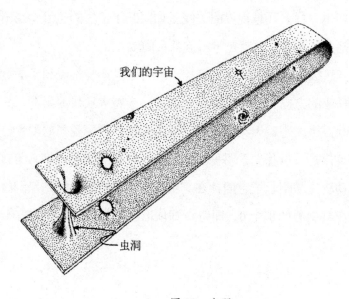

图 53：虫洞

你父亲之前找到她并将她亲手杀死，但如此一来，这个世界上也就不会有你的存在了——于是，悖论出现了。

虫洞是广义相对论方程中的 0 引起的一个悖论。虫洞究竟是否真实存在，目前我们不得而知，但 NASA 肯定希望它是存在的。

不劳而获的利益？

> 世上没有免费的午餐。
>
> ——"热力学第二定律"

NASA 希望在 0 中找到星际航行的秘诀。1998 年，NASA 召开了一次题为"第三个千禧年间的物理学"的专题研讨会，会上科学家对虫洞的价值、曲速引擎、真空能量引擎及其他超前沿课题展开了热烈的讨论。

太空旅行的难点在于，推力无处可倚。游泳时你往后推水，于是水会反过来对你施加一个向前的作用力，助你破浪前行。走路时你的脚对地面施以向后的推力，于是地面将相应产生一个向前的反作用力，令你快步朝前。在太空中，却没有物质可以成为施加向后推力的着力点，你自可以尽情划桨，但这艘船将不会移动分毫。

火箭自身携带产生推力的原料。快速涌出的空气能使气球在房间顶部飞绕，同样，火箭燃料在引擎处焚烧，热气流从火箭尾部高速向后喷出，利用产生的向前反作用力可推进火箭升空。然而，这个方法代价高昂且缺乏效率，即便是现代对化学燃料发动机的改进，比如利用电力产生向后推力，也无法提供足够的动力在合理的时间内将探测器送往稍远的星球。就算只是前往最近的天体，耗费的燃料总量也十分庞大。

NASA 突破性推进物理学计划负责人、物理学家麦克·米利斯将克服这一难关的希望寄托在 0 的物理性质上。遗憾的是，从短期来看，黑洞的 0，即奇点仍未在可实现的候选之列。一方面，创造虫洞所需的裸奇点难度奇高；另一方面，裸奇点极有可能将宇航员彻底撕扯成碎片。1998 年，两位来自耶路撒冷希伯来大学的物理学家指出，旋转或负有电荷的黑洞即便拥有"友善的"环形奇点，其大规模的膨胀对于宇航员而言也是致命的因素。当你落在奇点上，黑洞的质量似乎正逐渐增长至无穷，引力的拖拽太过猛烈，倏忽间，你的躯体就将被拉扯得支离破碎。可见，虫洞对于宇航员的生命危害极大。

虽然黑洞中心的 0 无法为人类的星际旅行提供一个安全无虞的通道，但量子力学中的 0 投下了一缕曙光：0 点能量也许是飞船燃料的最佳选择。在此，我们将暂时离开物理学的主流，一探它的边缘地带。

据米利斯所言，宇航员或许可以像迎风航行的水手一样，利用真空中的能量驱动飞船前进。"我想对卡西米尔效应做个类比。当你将两个金属薄盘紧贴在一起时，你可以感受到来自真空的辐射压力。"他如此说道，"不管如何，只要能从真空中获得不对称的力，就可以把这一不对称的力化为推进力。"遗憾的是，迄今为止发现的卡西米尔效应都是对称的，两个金属薄盘皆受到压力，并向彼此靠近，其中一个的活动必对另一个产生大小相等、方向相反的作用力。然而，假如存在某种量子风帆以及单向镜，单向镜在风帆的一边反射虚拟粒子的同时令它们不受妨碍地通过另一边，那么，真空能量便能推动整个物体朝不受反射的那一边移动。米利斯也承认，目前还没有人知晓该如何实现这一设想。

"这个装置的具体建造还未有理论支撑。"他遗憾地表示。

问题在于，物理法则认为不劳而获、无中生有是不可能实现的。舰船减弱了风速，量子风帆则势必降低真空能量。但是，真空能量 ① 又怎么可能降低呢？

得克萨斯大学奥斯汀分校的高级研究学院主任哈罗德·巴索夫坚信，量子风帆必将改变真空的属性。"（巴索夫于 1974 年在《自然》杂志发表论文，声称证明了尤里·盖勒和其他通灵人士确实可以在不借助双眼的情况下，看清极远处的物体。这一结论不属于科学的主流观点。）真空将衰退至更低的能量状态。"巴索夫说道。倘若真是如此，那么量子风帆就只是一个开端，我们甚至可以制造出只以 0 点能量为驱动的引擎，而这种引擎的唯一缺点是，会引发宇宙构造的缓慢崩塌。

它可能还会摧毁整个宇宙。

毋庸置疑，真空具有能量，卡西米尔效应就是最好的证据。但是，真空能量是否真的就是物理系统可能存在的最低能量呢？如果答案是否定的，那么真空中可能暗伏着重重危险。1983 年，两位科学家在《自然》发文指出，随意玩弄、操纵真空能量可能会引发宇宙的自我毁灭。文章声称，我们的真空或许是一个"错误的"真空，它表现出的能量状态是反常的，就好像一个在山顶摇摇欲坠的小球。如果给真空施加一个足够大的推力，它可能会滚下山坡，即降至一个稍低的能量状态，而我们全然无力阻止它的下降。我们将释放出一团以光速膨胀的巨大能量，引发一连串毁灭性事件，而构成人类及万物的每一个原子也都将在这场大灾难中分崩离析，毁灭殆尽。

好在这个设想成为现实的概率微乎其微。我们的宇宙自诞生伊始已

---

① 在量子力学中，真空能量与 0 点能量是等义词，是量子力学所描述的物理系统会有的最低能量。

存在了数十亿年，不太可能一直处于一个如前文所描绘的不稳定状态，因为如果真是那样的话，宇宙射线的碰撞早就"点燃"真空、引发灾难了。但这未能完全打消一些信徒——其中也有物理学家——的疑虑，他们在费米国立加速器实验室之类的高能物理学实验室外示威抗议，因为他们笃信高能碰撞可能导致真空的自发崩塌。即便这些担忧是有根据的，利用 0 点能量驱动宇宙飞船似乎依然是一个不可能完成的任务。不过，巴索夫坚信他有办法从真空中提取能量。

从理论角度讲，即使是在宇宙真空的最阴冷的角落，即使是在绝对 0 度下，科学家都能够借助卡西米尔效应获得能量。两个金属薄盘因吸引力相击紧贴于一处时会产生热量，而热量又能转化为电力。然而，两个金属薄盘必须被再次撬分开，这一步骤所耗费的能量远多于它们在吸引力的作用下紧贴于一处时产生的能量。大多数科学家认为，这一事实击碎了以真空能量为推动力的永动机构想，但巴索夫宣称，有几个办法可以解决这个困境，其中一个是用等离子体替代金属薄盘。

等离子体是带电粒子的气体状物质，就卡西米尔效应而言，它的作用与金属薄盘相差无几。就像薄盘会在压力的作用下紧靠在一起，传导的柱状气体也会遭到真空 0 点涨落产生的作用力的压缩。与金属薄盘不同，要制成等离子体只需一束电流，而且，与需要再次分离金属薄盘不同，我们只要把等离子体"灰烬"丢弃即可。他谨慎地宣称，采用这种办法所产出的能量是所投入能量的 30 多倍。"我们是有实验证据的，而且我们还拿到了专利权。"巴索夫称。不过，巴索夫设计的装置只是一系列"自由能"机器中的一种，而在过去，这些所谓的"自由能"机器没有一种经得起严格的科学审查测试，这一利用 0 点能量的装置想必也不例外。在量子力学和广义相对论的理论框架中，0 拥有无限的威力，因此人们努力想要挖掘它的潜力。但就眼下而言，无中似乎难以生有。

第 8 章

ZERO: THE BIOGRAPHY OF A DANGEROUS IDEA

0点0刻

时空边缘的0

> 他们似乎各不相同：世间没有哪一双眼眸能够看
> 清他们此后命运的交接点。
>
> ——托马斯·哈代《合二为一》

现代物理是两个巨人的奋斗史。广义相对论支配着"非常大"的宏观领域：宇宙间最庞大的物质，如恒星、太阳系和银河系。量子力学统治着"非常小"的微观领域：原子、电子和亚原子微粒。这两大理论看似能够和平共处，对宇宙不同层面的物理法则分别做出规定。

遗憾的是，某些横跨两个领域的事物的存在使得两个国度并非总是界限分明。黑洞的质量极其巨大，因此它们受相对论相关定律的制约；同时，黑洞占据的空间又极其微小，因此它们隶属量子力学的领域。两套理论体系在黑洞的中心猛烈碰撞，冲突由此而起。

无论是在量子力学还是在相对论中都能瞥见 0 的身影，它存在于两个理论的交会之处，也是它引发了两个理论的矛盾之争。在广义相对论的方程中，黑洞是一个 0；在量子理论的数学运算中，真空能量是一个 0。大爆炸，这个宇宙史上最扑朔迷离的事件在两套理论体系中皆为 0。宇宙来自虚无——两套理论在试图解释宇宙起源的时候双双遭到了挫败。

为了理解大爆炸，物理学家必须将量子力学与相对论结合起来。在过去的几年间，他们已有所进展，创建了一个庞大的理论体系以解释万有引力在量子力学方面的性质，为科学家开启了一扇崭新的窗口，一窥我们栖身的宇宙的起源之谜。而他们所要做的就是消除 0。

事实上，关于宇宙万物的理论就是关于虚无的理论。

0 的放逐：弦理论

> 问题在于，当我们试图进行与 0 距离相关的运算时，方程式就彻底失灵了，只能给出一些毫无意义的答案，比如无穷大。
>
> 自量子电动力学出现伊始，这个问题就带来了许多麻烦，对于想要测算的每一个问题，人们最后都只能得到无穷这个答案。
>
> ——理查德·费曼

广义相对论与量子力学注定互不兼容。广义相对论中的宇宙是一块光滑的橡胶板，连续而流动，没有锋利尖锐的棱角；而量子力学描绘下的宇宙却是急促而间断的。0，是两套理论的交叠之处，同时也是它们分歧的缘由。

质量巨大的黑洞充塞于体积为 0 的空间中，致使周围区域无限扭曲，它的无穷之 0 在光滑的橡胶板上刺出一个空洞。广义相对论的方程对此等尖利锋锐的 0 束手无策。在黑洞的范畴里，空间与时间毫无意义可言。

量子力学也处于类似的困境。这个难题与 0 点能量息息相关。量子力学的定律将电子之类的微粒视为一个个点，也就是说，它们不占据任何空间。电子是 0 维物体，其类似于 0 的本质使得科学家无从得知电子的质量或者电荷量。

乍听之下，这个说法似乎十分荒谬。科学家对电子质量和电荷量的测量研究在一个世纪前早已完成，他们怎么可能对此一无所知呢？答案就潜藏在 0 中。

科学家在实验室观测到的电子，即物理学家、化学家及工程师熟知且热爱了数十年的电子，其实是个冒牌货。它不是真正的电子。真正的电子隐匿在某种微粒的掩护之下，这种微粒每时每刻都在经历着量子的起伏涨落，持续地成堆出现、而后消失，循环往复。真空中的电子间或吸收和释放这些粒子中的某一种，比如光子。微粒的蜂拥出现使得电子质量和电荷量的测量困难重重，因为这些微粒会影响测量的精确度，它们宛若一层面罩牢牢遮掩住电子的本来面貌。"真正的"电子比物理学家观测到的电子稍微重一些、携带的电荷量也多一些。

如果可以再靠近一点，科学家或许能更好地掌握电子的真正质量和电荷量；如果能发明一种精微的装置，探入微粒云团中近距离地接触电子，科学家就可以将它们看得更清楚些。根据量子理论，随着测量装置经过位于云团最边缘的几个虚粒子，科学家将观测到，电子的质量和电荷量有所上升；随着探测仪器经过越来越多的虚粒子，越来越接近电子，观测到的电子质量和电荷量势必逐步上升。探测仪器必须经过无穷多的粒子，才能最终抵达终点，与电子 0 距离接触，于是，探测到的电子质量和电荷量必定趋向无穷。换言之，根据量子力学的法则，0 维的电子具有无穷大的质量和电荷量。

与处理 0 点能量的手法类似，对于电子无穷大的质量和电荷量，科学家选择了无视。计算电子的真正质量和电荷量时，他们不追求与电子的 0 距离接触，只是任意选择一个距离便停了下来。一旦某个科学家恰好选到了一个合适的距离，之后与电子的"真正"质量和电荷量有关的所有运算都将采用这一数据。这个过程被称为"重整化"（renormalization）。"我认为这是一种近乎癫狂的处理方法。"物理学家理查德·费曼如是写道。不过，帮助费曼拿到诺贝尔奖的正是他提出的重整化优化方案。

0 在广义相对论的光滑橡胶板上刺出了一个破洞，同时，它也抚平和延展了电子集中在尖角处的电荷，为它们笼上一层薄雾。然而，由于量子力学关注的都是诸如电子一类的 0 维微粒，因此严格来说，量子理论中所有微粒与微粒之间的互动都涉及无穷，因为它们都是奇点。譬如，两个粒子融合时将相遇于某一个点，这个点是一个 0 维奇点。而这个奇点无论是在量子力学还是广义相对论中都是毫无意义的。0 一手扰乱了两个伟大理论的研究工作，因此，物理学家决定摆脱它。

要想摆脱 0 并不是一件容易的事情，因为它一再出现于时间和空间中。黑洞是 0 维的，电子一类的微粒亦是如此。电子和黑洞都是真实存在的，物理学家不可能大手一挥就把它们抹除殆尽。但是，科学家可以赋予黑洞和电子一个额外的维度。

这就是弦理论创建的缘由。该理论诞生于 20 世纪 70 年代，当时物理学界开始领会到将每一个粒子视为一根振动的弦而非一个点的好处。假如把电子（以及黑洞）当作一维物体（比如圈状的闭合弦）而非 0 维物体（比如点）来对待，相对论和量子力学中的无穷将会奇迹般地消失

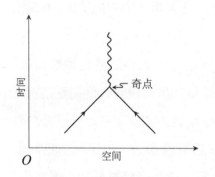

图 54：点状微粒创造出奇点

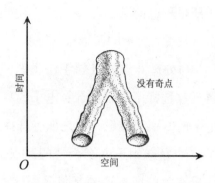

图 55：弦状微粒则不会

匿迹。例如，重整化引发的争议，即电子的无穷质量与电荷量，将彻底平息。0 维的电子之所以拥有无穷大的质量和电荷量是因为它是一个奇点，随着与它的距离越来越近，测量结果也相应地急速趋向无穷。但是，假如电子是圈状的闭合弦，那么它就不再是一个奇点，这就意味着它的质量和电荷量不会趋向无穷，因为不再需要经过无数的微粒才能靠近电子。因此，当两个微粒合并时，它们无须融合于一个奇点，它们可以在时空中组合形成一个光滑而连续的表面（见图 54、55）。

在弦理论中，不同粒子均视为同一种弦，不同的只是它们的抖动方式。宇宙中的所有物体都是由这些长 10^{-33} 厘米的弦组成的，把它的大小与一个中子的大小进行对比就如同拿中子与我们定居的太阳系相比那样悬殊。从我们人类的角度看，圈状的闭合弦就像一个点，因为它们实在太小了。比这些弦还小的距离（和时间）将不再重要，它们不具备物理意义。弦理论就这样把 0 驱逐出了宇宙，再也不存在 0 距离或 0 时间。量子力学中所有与无穷相关的难题就此迎刃而解。

对 0 的放逐同样解决了广义相对论中的无限问题。若把黑洞想象成一段弦，物体通过裂缝落在时空结构上的情况就再也不存在了。相反，靠近黑洞弦的微粒弦伸展开去，并与黑洞弦接触，两段弦颤抖着撕裂，而后融汇形成一个圈——一个质量增加了少许的黑洞。（一些理论家坚信，微粒与黑洞的融合会产生其他一些怪异的粒子，如超光速粒子。这种粒子拥有虚质量[1]，速度超过光速，可以进行时光旅行。这一类粒子在弦理论的某些变体理论中是可接受的。）

将 0 移除出宇宙，这一举措听起来似乎十分激进，但弦处理起来确实比点容易得多。通过消除 0，弦理论消弭了量子力学中不连贯的颗粒性特质，修补了广义相对论中黑洞撕裂开的创口。这些问题解决之后，两大理论从此告别了水火不容的冲突时代。物理学家开始相信，弦理论将把量子力学和相对论融合为一个统一的整体，并形成一套量子引力理论——一套旨在解释宇宙间所有现象的理论。然而，弦理论本身也存在一些问题。它需要至少十个维度才能建立一个理论框架，让引力与量子力学互相兼容。

对于大多数人而言，仅是四维空间都有一个是多余的。四维空间中的三个是我们能够轻易感受到的：左右、前后和上下，这代表了三个我们可以移动的方向。当爱因斯坦指出时间与这三个方向的相似之处时，第四个维度浮出水面。我们与公路上疾驰的汽车一样，沿着时间之轴不停移动。相对论认为，就像我们可以改变汽车在公路上行驶的速度一样，我们也可以改变我们在时间轴上的移动速度——在空间穿梭的速度越快，在时间上移动的速度也就越快。为了领略爱因斯坦构筑的宇宙世界，我们必须接受，时间就是空间的第四维度。

四维空间尚算可以理解，但是十维空间该如何应付？我们可以测量四个维度，但其他六个维度呢？根据弦理论，它们被卷裹成球状，但由

---

[1]　即其质量的平方为负数。

于太微小，所以难以看清。你拿起一张纸，它似乎是二维的，只有长度和宽度而没有高度，然而，如果你把它置于放大镜下观察，就会发现其实它是有高度的，只不过它实在太过微小，因而在正常情况下难以察觉，只能借助工具来观察。对于其他六个维度也是同样的道理，它们过于细微，因此在日常生活中我们觉察不到它们的存在，其实，即便是在不久的将来可能制造出的最尖端的设备，也无法探测到它们。

这六个额外的空间维度意味着什么呢？不意味着什么。它们无法用于量度我们熟知的一切事物，如长度、宽度、高度或时间，它们仅仅是数学层面的建构，只为弦理论能够完成它所需要的数学运算。同虚数一样，我们无法看到它们、感受到它们，也无法闻到它们，它们的存在只是数学运算的需要。从物理的角度看，这是一个十分古怪的概念，但勾起数学家的兴趣的并非这些方程式的可理解性，而是其预测能力。要观测到这个额外的六维空间也许非常困难，但在数学上，六维空间并不是不可克服的难题。（到了今天，似乎连十维空间也不是什么难题了。在过去的几年间，物理学家意识到在某种程度上，许多看似相互矛盾的弦理论变体其实是同一回事。科学家也发觉，正如彭赛列发现的点、线对偶原理，这些理论之间也是相互对偶的。如今，科学家认为，所有这些相互抵触的理论存在一个共同的庞大理论根基——M 理论。该理论构筑在十一维空间的基础上，而非十维空间。）

弦（或者称为膜）十分微小，因此当下的任何仪器设备都无法捕捉到它们的影迹，至少得等到人类文明向前跃进一大步之后才有一丝可能实现。粒子物理学家采用粒子加速器来观测亚原子领域：他们利用磁场或其他手段令粒子增速，这些粒子发生碰撞之后会喷射出许多碎片。粒子加速器就是一台对准亚原子世界的显微镜。粒子获得的能量越多，这台显微镜的功效就越强大，能观测到的粒子就越微小。

超导超大型加速器（the Superconducting Super Collider）是一个斥资高达数十亿美元的大型研究设施，原计划于 20 世纪 90 年代初期完工，建成之后将是世界上最强大的粒子加速器。按计划，它将建成一个长约 54 英里、配备超过 10,000 个超导电磁体的环形设备，规模大致相当于华盛顿的环城公路。然而，它的规模还远远不足以帮助我们一窥弦的真貌，若想观测到弦或卷缩的额外维度，我们需要建造一座周长 600 万亿英里的粒子加速器。即便是以光速飞驰，一个粒子也需要至少 1000 年才能绕完该设备一圈。

眼下没有任何仪器能够实现科学家直接观测弦的愿望，也没有人有能力设计一个可以确切证明黑洞和粒子究竟是不是弦的实验。这是弦理论的首要缺点，因为科学的根基就在于观察与实验，所以有些批评者就尖锐地指出，弦理论只是一门哲学而非科学。（一些新近的理论主张在这些卷缩的维度中，有一些可能长达 10^{-19} 厘米甚至更大，如此一来，它们就属于可实验的范畴了。但就目前而言，这些理论并不被认可，只能看作一些有趣的言论。）

牛顿的万有引力定律与运动定律为物理学家开拓了一条解释宇宙中天体和物体运动轨迹的渠道，每新发现一颗彗星，就为牛顿力学增添一份新的佐证。它也存在一些问题，比如水星的运行轨道就与牛顿的预测有细微差别，但就总体而论，牛顿的理论体系还是经受住了一次又一次严酷的考验。

爱因斯坦的理论修正了牛顿犯下的一些错误，比如它解释了水星运行轨道的"偏移"现象。同时，这些理论还对万有引力的运作方式做出了可试验的种种预测，爱丁顿在一次日全食中观察到的星光弯曲证实了其中的一个。

而弦理论则是将一些现已存在的理论以一种巧妙的方式结合在一

213

起，并对黑洞和微观粒子的运行规律做出预测，但这些预测既无法通过观测得到证实，也无法通过实验进行确认。弦理论或许不存在数学层面的矛盾或漏洞，甚至在数学上它是十分美丽的[①]，但它仍然还称不上是一门科学。

在可预见的未来，把 0 驱逐出宇宙世界的弦理论都将只是一个哲学理念而非科学定理。弦理论或许是无比正确的，但我们可能永远都找不到证明它的途径。0 还未被放逐，事实上，创造了宇宙的可能正是 0。

第 0 个小时：大爆炸

> 哈勃的发现暗示存在一个叫作大爆炸的时刻，当时宇宙的尺度无穷小，而密度无穷大。
>
> 在这种条件下，所有科学定律、所有预见将来的能力通通失效了。
>
> ——史蒂芬·霍金《时间简史》

宇宙诞生于 0。

---

① 没错，数学可以是"美丽的"，也可以是"丑陋的"。就像我们很难描述究竟是什么使得一段乐曲或一幅油画具有美感，同样，我们也很难描述是什么赋予数学定理和物理理论以美感。美丽的理论应是简洁的，它应具有完备性以及可能会令人毛骨悚然的对称性。爱因斯坦的理论尤其美丽，麦克斯韦方程亦是如此。欧拉发现的方程 $e^{i\pi}+1=0$ 简直称得上是数学之美的典范，它相当简洁，却又将数学上最重要的几个数字以一种十分意想不到的方式联系在了一起。

在一片虚无中，一场惊天动地都不足以形容的大爆炸凭空爆发了。这场爆炸催生了构成整个宇宙的所有物质和能量。对于许多科学家和哲学家而言，大爆炸这一事件是个可怕的梦。天体物理学家们花了很长一段时间才最终达成一致，认同我们的宇宙是有限的，并且它是有一个起点的。

对于有限宇宙这一观点的偏见由来已久。亚里士多德拒绝承认宇宙是诞生于虚无的，因为他坚信虚空并不存在。但这引发了一个悖论。如果宇宙不可能源自虚空，那么在宇宙诞生之前，肯定有某些东西飘浮于空中，也就是说，在我们栖居的这个宇宙形成之前，必定还有一个宇宙。亚里士多德的面前只剩下唯一一条道路可以指引他走出这个窘境，那就是坚信宇宙是永恒的。在过去它一直存在，在未来它也不会湮灭。

《圣经》则宣称宇宙有限且创生于虚无，并预言了它究极的毁灭宿命。西方文明不得不在亚里士多德和《圣经》之间做出抉择。尽管闪米特人建构的圣经宇宙最终推翻了亚里士多德的无垠世界，但是直到 20 世纪，"宇宙是恒定不变、无始无终的"这一观点却从未彻底消亡。就连爱因斯坦也受其影响，犯下了他自称的"职业生涯中最大的错误"。

在爱因斯坦看来，广义相对论有一个严重的缺陷——它预言了宇宙的终极命运。根据广义相对论的方程式，宇宙处于不稳定的状态，它只有两个选择，而且两个选择都令人十分懊丧。

第一个可能性是宇宙将在自身引力的重压下坍塌。随着宇宙体系越来越小，其热量会越来越高。它炽烈灼人的辐射将焚毁所有生灵，构成物质的所有原子也逃脱不了在烈火中毁灭的宿命。最终，宇宙将焚毁于炎火，坍缩成一个类似于黑洞的 0 维小点，然后永远消失。

另外一个可能性则更为严酷。宇宙将处于无休止的膨胀状态，星系之间的距离越来越遥远，驱动各种能量反应的天体变得越来越稀疏。天体的能量逐渐焚烧殆尽，星系的光芒慢慢暗淡下来，冷意裹挟着寂静席卷而来。构成天体但业已冷暗的物质将衰变消失，只留下几缕稀薄的辐射能在宇宙空间均匀蔓延。宇宙将变成冷寂昏暗之境，最终亡于冰霜。

对于爱因斯坦而言，这些结论无疑令人胆寒。与亚里士多德所持观点类似，他也认为宇宙处于亘古不变的静止状态。为了避开毁灭的结局，唯一的出路是对他提出的广义相对论进行"订正"。爱因斯坦在原有的广义相对论方程中强行加入一个宇宙常数，宇宙常数的拉力能够中和抵消万有引力，使宇宙保持静态平衡，避免坍缩或膨胀而亡，但遗憾的是，这个力的存在从未得到任何验证。强行假定一个神秘之力的存在实在是一个绝望而疯狂的举动。"我再次犯下与引力理论有关的重罪，人们也许会把我关进精神病院。"爱因斯坦如此写道。宇宙即将走向毁灭的结论令爱因斯坦焦灼难安，如潮的忧虑迫使他不得不迈出这惊心动魄的一步。

爱因斯坦当然没有被送往精神病院，因为他以往提出的理论比这个还要怪异百倍，而且最后的事实证明他是完全正确的。不过这一次，幸运女神没有朝他伸出眷顾之手。天体本身亲手摧毁了爱因斯坦建构的永恒不变的宇宙。

20 世纪伊始，银河系是我们仅知的宇宙，天文学家对于我们栖居的这个落满尘埃的小星尘盘之外的世界几乎一无所知。纵然天文学家也观测到了一些发光的旋涡状星云，但他们绝对有理由相信，它们只是银河系中的发光气团。然而，到了 20 世纪 20 年代，美国天文学家爱德文·哈勃颠覆了这一切认知。

一类称为"造父变星"（Cepheid variable）的天体具有的一种特殊属性能够帮助哈勃测量遥远物体的距离。造父变星进行周期性脉动，其亮度也以可预测的方式进行周期性变化，它变星脉动的方式与其释放的光线总量密切相关。这类已知光度的天体被统称为"标准烛光"（standard candles），是哈勃利用的关键工具。

它们宛若火车头顶熠熠闪光的前灯。当火车朝你驶来，随着它离你越来越近，它的前灯在你眼中也便越来越亮。假如车头灯是标准烛光，即你知道车头灯释放的光线总量，那么你就能够掌握它在特定距离时的亮度——离你越近，亮度越高。反之亦然，倘若你了解火车车头灯放射的光线总量，那么只须测量其表现的亮度，你就能计算出火车与你之间的距离。

哈勃的做法与之完全一致。他观测的恒星大多距离地球数十、数百甚至数千光年之远，但他在当时称为仙女座大星云的旋涡状气团中发现了一颗闪烁光辉的造父变星，他测量了它的亮度并计算出这团星云与我们之间的距离，发现它竟在一百万光年之遥，也就是说，它远在银河系之外。事实上，仙女座不是一团发光的星云，而是一群恒星，只不过它们离我们实在过于遥远，因而看起来像是一团光斑，而非独立散布的点点星光。其他旋涡状星系甚至更为邈远。如今的天文学家认为宇宙直径可达150亿光年，各类星系团布满了宇宙的各个角落。

这是一个令人惊诧的发现，宇宙竟比人们之前估计的要大上数百万倍。虽然这个观测结果震惊世人，但它不是哈勃最重要的研究成果。哈勃的第二项发现一举击碎了爱因斯坦的永恒宇宙论。

哈勃借助造父变星测量了一个又一个星系与我们之间的距离，但他很快便注意到一个叫人惊恐的现象——所有星系都正在高速远离银河系，速度达每秒数百英里，甚至更快。由于它们的位置过于遥远，所以即便是如此飞快的速度也难以直观察觉。

记录星系逃离速度的唯一方法是借助多普勒效应（美国州级警察使用的雷达枪支也是依据这一原理设计的）。你也许已经注意到，火车呼啸而过时，其鸣笛的音高是时刻变化的。火车靠近时，汽笛声音调很高；一旦它经过你的身侧飞驰而去，汽笛的音调旋即大幅下降。这是因为火车会撞上在它前方的声波，声波被压缩，于是声波频率变快，音调变高；同时，火车会拉伸在它后方的声波，使其变长，于是声音频率变慢，音调变低（见图 56）。这就是多普勒效应，它也适应于光。恒星朝地球运动时，光受到压缩，波长减短，频率变高，在光谱线上向蓝端的方向移动，这便是蓝移现象；恒星远离地球时，情况正好相反，光在光谱线上朝红端方向移动，称为红移现象。

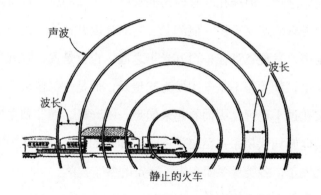

静止的火车

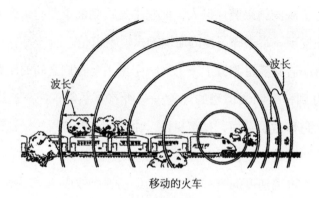

移动的火车

图 56：多普勒效应

　　警察通过检测行驶车辆反射的光的偏移程度来判断车辆的速度，同样，天文学可以通过观测恒星辐射的光在光谱线上的偏移程度推定恒星的速度以及判断它究竟是在靠近还是在远离我们。

　　哈勃将距离数据与多普勒速度数据结合在一起，得到了一个惊人的结论。星系不仅以高速朝各个方向远离我们，而且距离我们越远的星系，远离的速度越高。

　　怎么会这样呢？假设有一个带圆点花纹的气球，散布的圆点好比是各个星系，气球则为时空结构。若气球膨胀，各圆点便相互远离。站在其中某个圆点的角度看，自然会觉得其他圆点正离它匆忙而去，且距它较远的圆点的远离速度快于距它较近的圆点（见图 57）。宇宙仿佛就是一个正在膨胀的气球。（这个气球的类比有一个缺点。气球膨胀时，其上的圆点也会随着胀大，但星系则不然，其大小在自身万有引力的紧缚下保持不变。）

　　随着时间的流逝，宇宙正逐渐膨胀。从另一个角度看，假设有一部关于宇宙历史演变的影片，若我们将它倒放，则会看到宇宙正在渐渐缩

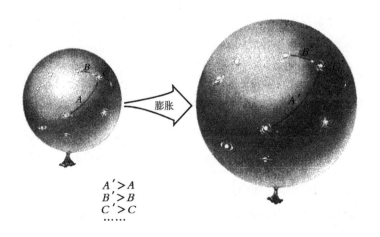

膨胀

$A'>A$
$B'>B$
$C'>C$
……

图 57：膨胀的宇宙

小。气球越变越小，在某一时刻萎缩至凋敝状态，最终缩小成一个点，而后消失。这个点就是时空发端的那个奇点。它是最原始的 0，是宇宙的诞生地——大爆炸，一次创造了宇宙的猛烈爆炸。正是这个奇点喷射出了整个宇宙的所有物质和能量，创造了现已存在的以及将来可能存在的所有星系、恒星和行星。我们的宇宙是有一个起点的，距今已有 150 亿年之久，从形成之时起，宇宙的空间就处于不停歇的膨胀状态。爱因斯坦关于宇宙永恒静止的希望几近破灭。

尚存的一线希望托付在一个称为"宇宙恒稳态学说"的理论上。它是大爆炸理论的替代方案。一些天文学家声称，宇宙中存在许多类似喷泉的源头，它们不停地向外喷射新的物质，星系逐渐迁离这些源头，随后慢慢衰老、消亡。尽管个别星系会膨胀衰亡，但整个宇宙的总体图像是始终如一的。宇宙不断膨胀，又不断创造出新的物质，从而始终保持物质分布上的均匀状态（密度不变）。亚里士多德的永恒宇宙论再次保留了一丝生机。

曾有一段时间，大爆炸理论和恒稳态理论并肩共存，天文学家根据自己信仰的哲学理念在两个阵营之间做出选择，直到 20 世纪 60 年代中期，这一平衡才被彻底打破。一种被科学家误认为鸽子粪便的事物扼杀了恒稳态学说。

1965 年，普林斯顿大学的几个天文学家正尝试计算出大爆炸之后的宇宙形态。那时，宇宙的温度和密度必然极高，并且伴有灼目的亮光，而亮光不会随着宇宙的膨胀而消失；相反，它会随着时空的延展而延展。经过一系列的运算，普林斯顿大学的物理学家们得出，这些光必须落在光谱中的微波频段，而且它们必须来自四面八方。他们称这些光为宇宙背景辐射，并认为它们就是大爆炸的余晖。而正是它们，将为物理学家提供第一份证明"大爆炸理论是正确的而恒稳态理论是错误的"的证据。

普林斯顿科学家们的预言在不久之后便得到了证实。新泽西州莫里山附近的贝尔实验室的两位工程师在他们的调试高灵敏度微波探测设备时发现，无论他们如何修正，设备就是无法正常工作，总是会发出一阵"咝咝咝"响的微波背景噪声。起先，他们以为是天线上的鸽子粪便影响了设备，于是他们赶走了鸽子、清理了粪便，然而那阵噪声依旧没有消除。他们将能够想到的所有干扰因素——排除，但仍旧无功而返。后来，他们听说了普林斯顿科学家做出的预言，立即意识到他们发现了宇宙背景辐射。那些噪声不是什么鸽子粪便，而是大爆炸时代遗留的光的呐喊，它们在几经延展扭曲之后，变成了耳语般的咝咝声响。（工程师阿诺·彭齐亚斯和罗伯特·威尔逊因这一发现获得了诺贝尔物理学奖，而普林斯顿的物理学家鲍勃·迪克和 P. J. E. 吉姆·皮布尔斯却颗粒无收，在许多科学家看来，诺贝尔委员会倾向于奖励艰苦细致的实验成果而非重要的理论发现，这其实是十分不公平的。）

人们终于捕捉到了大爆炸的痕迹，静态宇宙的神话宣告破灭。虽然宇宙有限的观念并不讨人喜欢，但物理学家们终究还是接受了大爆炸的说法，并认同宇宙是有起点的。不过，这一理论并非没有缺陷。宇宙中有许多块状物，三五成群的高密度星系之间间隔着广阔的虚空。同时，这些团块结构又不会过于集中，宇宙从各个方向看上去还是大致相同的，所有物质不至于被卷成一团。如果宇宙诞生于一个奇点，那么大爆炸释放的能量要么均匀分布于气球的每个角落，要么裹卷成一个块状物；因而，气球要么色彩匀称，要么只有一个巨大的斑点（而不是分布着圆点图案）。团块结构恰到好处的四散分布一定不是出于偶然，那么其原因又是什么？还有一个更令人费解的疑问，即大爆炸的奇点究竟从何而来？所有的秘密都归结于 0。

真空中的 0 或许能为宇宙的团块结构做出解释。由于宇宙真空的各处都充溢着虚粒子的量子泡沫，因此宇宙盈满了无穷的 0 点能量。在适当的条件下，这股能量可以推动物体进行位移，在宇宙形成的早期，或许就是它们将各天体推移分开的。

20 世纪 80 年代，物理学家提出，早期宇宙中的 0 点能量应大于现阶段的 0 点能量，而额外的能量也许曾试图朝四方扩散，并高速推动时空结构往外扩张。能量的巨大喷发使得气球快速膨胀，就像大股灌入的空气可以消弭气球的皱褶一样，这些能量同时也抚平了宇宙中的棱角起伏。宇宙的相对平滑得到了合理的解释。但是，起初几分钟里的真空是一个错误的真空，它的 0 点能量大得有些异常，而 0 点能量的过高能量状态使得它十分不稳定，因此这个错误的真空很快——在百万分之一又百万分之一又百万分之一又百万分之一秒内——便崩坍并转化为真正的真空，所谓的真正真空就是我们如今在宇宙中观测到的真空。就像一壶被快速加热至巨高温度的水，咕噜咕噜地冒着"真正真空"的气泡并以光速向外扩散。这些气泡中的某一个或连在一起的几个就裹卷着我们今天观测到的宇宙。这些不断形成并融合的膨胀气泡的不对称特质可以为宇宙的不对称性提供解释。根据这一膨胀理论，星辰与星系是由非 0 值的 0 点能量创造的。

0 也许还掌握了宇宙诞生的秘密。正如真空的虚无与 0 点能量孕育了微观粒子，它们也可能孕育了宇宙。量子泡沫以及粒子的自发性生灭或许解释了宇宙的起源。宇宙兴许只是极大规模的量子涨落——诞生于终极虚空的巨大单个粒子。这个宇宙卵会爆炸、膨胀，并最终创造宇宙的时空结构。或许我们的宇宙仅是众多涨落中的一个。一些物理学家认为，黑洞中心的奇点就是通往大爆炸以前的原始量子泡沫的窗口，换言之，在时间与空间皆无意义的黑洞中心处的泡沫正无休止地创造出无数的新宇宙，它们沸腾、膨胀，进而生成属于它们自己的星辰与星系。0 中可能蕴含着我们的诞生之谜——以及其他无数宇宙的诞生之谜的终极答案。

0 之所以如此强大，是因为它有能力令物理定律错乱失灵。在大爆炸发生的第 0 秒、在与黑洞 0 距离的地带，用来描述世界的数学方程通通变得毫无意义可言。0 不可以被忽视。它不仅掌握着我们为何存在的秘密，还对宇宙的终结负有直接责任。

第 ∞ 章

ZERO: THE BIOGRAPHY OF A DANGEROUS IDEA

0 的最终胜利

终止时间

"   这就是世界结束的方式：并非一声轰鸣的巨响，
而是一阵无声的呜咽。"

——T. S. 艾略特《空心人》

一些物理学家正试图把 0 从他们的方程式中抹除消净，而其他一些物理学家却认为，0 或许将笑到最后。科学家可能永远也无法解开宇宙的诞生之谜，但他们距离宇宙的最终结局却只有一步之遥。宇宙的终极宿命就潜藏在 0 中。

爱因斯坦的广义相对论容不下一个静止不变的永恒宇宙，却能容许宇宙具有不同的终极宿命。宇宙中的物质总量将决定宇宙本身的最终命运。假如宇宙的物质总量较轻，如气球一般的时空将无限膨胀增大，恒星与星系逐个毁灭，宇宙渐渐变冷并最终在热寂状态中迎来凋亡。假如宇宙的物质总量超过了临界值水平，那么大爆炸释放的原始动力将不足以支撑气球的无限膨胀；相反，星系之间会相互拉拽，不停压缩时空结构，于是气球开始泄气缩小。压缩的速度将逐渐加快，宇宙的温度逐步上升，最后迎来终极压缩的命运——与大爆炸的情景相反，这种情况被人们称作大坍缩。我们究竟将迎来何种命运？答案近在咫尺。

天文学家凝视遥远的星系，其实就是在回溯过往的时光。距离地球最近的星系也在一百万光年之遥，来自那个星系的光束得在宇宙中寂寞地穿梭一百万年然后才能抵达地球，也就是说，我们的双眼在当下这一刻看到的其实是那个星系一百万年前的景况。

宇宙的最终命运取决于我们的时空气球的膨胀情况。如果宇宙的膨胀正不断减速，那便意味着大爆炸提供的能量已几近耗尽，而我们的宇宙将走向大塌缩。如果宇宙的膨胀速度并没有减缓，那就说明大爆炸提供的能量足以使时空结构永无止境地膨胀。

天文学家对宇宙膨胀变化的测量工作业已展开。他们以一种称为"Ia"的超新星①作为标准烛火，就像哈勃的造父变星，因为几乎所有已知的 Ia 超新星都有相似的爆炸方式以及绝对发光度（发出的光线亮度）。哈勃利用的造父变星较为暗淡，超新星则不然，即便距离我们半个宇宙之遥也依然清晰可见。

1997 年底，天文学家宣布，他们已在这些超新星的辅助下测量出了一些十分暗淡古老的星系的距离。通过它们与我们的距离可以测算它们的年龄，通过它们的多普勒偏移可以推定它们的速度，最后通过对比星系在过去不同年代的远离速度，就能推算出时空膨胀的速度。天文学家得到的答案却有些怪异。

宇宙膨胀的速度没有减弱，反而有增加的趋势。超新星反馈的数据表明，宇宙正逐渐增大，且增大的速度越来越快。如果情况真是如此，那么宇宙就不太可能走向大塌缩，因为有什么东西正在与万有引力展开对抗。于是，物理学家再次提起了宇宙常数——一个被爱因斯坦强行加入他的方程式以抵消万有引力的神秘之力。爱因斯坦犯下的最大错误也

---

① 由天体爆发所产生的爆发星。

许根本就不是一个错误。

这个神秘之力或许又是源于真空。充斥整个时空的微粒对外施加微弱的推力，极其细微地拉伸时空结构。数十亿年过去之后，拉力积少成多，于是宇宙的膨胀速度就变得越来越快。我们宇宙面临的最终命运可能不是大坍缩，而是无休止的膨胀、冷却，最后热寂，而这一切皆因 0 点能量而起———个为真空注入无穷微粒并在量子力学方程式中显露真貌的 0。

天文学家依旧持谨慎态度。从超新星处得来的数据只是初步结果，但不断新增的观测反馈正逐步夯实这些结论的根基。其他一些相关研究也支持了超新星的反馈结果，认为宇宙将不断膨胀，并最终消亡于冷寂，而非炽烈。

"冰"还是"火"？答案是冰——由于 0 的威力。

超越无限

> 然而，如果我们确实发现了一套完整的理论，它应该在一般的原理上及时让所有人（而不仅仅是少数科学家）所理解。
>
> 那时，我们所有人，包括哲学家、科学家以及普普通通的人，都能参加为何我们和宇宙存在的问题的讨论。
>
> 如果我们对此找到了答案，那将是人类理性的最终极胜利——因为那时我们将领会上帝的旨意。
>
> ——史蒂芬·霍金

物理学上所有大谜题的背后都潜藏着 0 的身影。黑洞的无限密度是除以 0，无中生有的大爆炸也是除以 0，真空的无穷能量还是除以 0。但是，除以 0 的运算摧毁了数学的架构以及逻辑的框架，动摇了科学的根基。

在毕达哥拉斯生活的年代，在 0 出现之前的年代，纯粹的逻辑是主宰者，宇宙建构在有理数之上，昭彰着上帝的存在，一切皆有迹可寻，秩序井然。他们把 0 与无穷从数字的国度驱逐出去，从而避开了与 0 有关的一连串恼人悖论。

随着科学革命的来临，基于哲学的单纯逻辑推理为基于观察的实证研究所替代。为了解释宇宙的法则，牛顿不得不将微积分中不合逻辑的部分——由除以 0 引发的逻辑混乱——暂时搁置一旁。

数学家与物理学家成功克服了微积分中的除以 0 的难题，将它重新置于合理的逻辑框架之中，于是，量子力学和广义相对论的方程式中再次出现了 0 的踪迹，而 0 又一次令科学蒙上了无穷的阴影。在充满 0 的宇宙中，逻辑溃不成军，量子理论和相对论土崩瓦解。为了走出困境，科学家再次着手尝试抹除 0，使支配宇宙的两套法则统一为一个整体。

倘若科学家取得成功，他们就将彻底掌握宇宙的奥秘。我们将通晓从古至今支配万物（包括时空最边缘的事物）的物理法则，了解创造大爆炸时宇宙的想法，并最终领会上帝的旨意。然而，这一次，0 不会轻易败下阵来。

将量子力学与广义相对论相结合的理论描述了黑洞的中心，解释了大爆炸的奇点，但至今无法用实验证实其理论的真伪。弦理论与宇宙论的论证在数学层面或许十分严密，然而，它们与毕达哥拉斯的哲学理论一样无用。它们的数学推理看似十分美丽且逻辑自洽，似乎能够解释宇宙的本质——但它们也有可能是完全错误的。

科学家唯一能够确定的是，宇宙起源于虚无，也终将归于虚无。

宇宙始于 0，也终于 0。

附录 A

如何证明丘吉尔等于胡萝卜

令 a 与 b 都等于 1。由于 a 等于 b，可得：

$$b^2 = ab（等式 1）$$

由于 a 必然等价于它本身，可得：

$$a^2 = a^2（等式 2）$$

令等式 2 减去等式 1，可得：

$$a^2 - b^2 = a^2 - ab（等式 3）$$

我们可对等式 3 进行提公因式，即 $a^2 - ab$ 等于 $a(a-b)$；同样地，$a^2 - b^2$ 等于 $(a+b)(a-b)$。（至此，每一步运算都十分合理，你可以自行代入具体数字进行验算。）将提公因式后的式子代入等式 3，可得：

$$(a+b)(a-b) = a(a-b)（等式 4）$$

到目前为止，一切顺利。现在，令等式两边同时除以 $(a-b)$，可得：

$$a+b = a（等式 5）$$

两边同减去 a，可得：

$$b = 0（等式 6）$$

然而，在证明伊始，我们已令 b 等于 1，所以这意味着：

$$1=0（等式 7）$$

这个结果十分重要。再进一步论证，我们知道温斯顿·丘吉尔有一个头，但根据等式 7，1 等于 0，那也就是说，丘吉尔没有头。同样地，丘吉尔没有叶状缨子，而 1 等于 0，因此丘吉尔颈上长有 1 个叶状缨子。

令等式 7 两边同乘以 2，可得：

$$2=0（等式 8）$$

丘吉尔有两条腿，因此他没有腿；丘吉尔有两只手，因此他也没有手。现在，令等式 7 两边同乘以温斯顿·丘吉尔的腰围（以英寸为单位），可得：

$$（丘吉尔的腰围）=0（等式 9）$$

这意味着，温斯顿·丘吉尔的下半身已被压缩成一个点，而他的上半身则成了锥形。再有，温斯顿·丘吉尔是什么颜色的？取他身上辐射出的任意一道光并从中任选出一个光子。令等式 7 两边同乘以该光子的波长，可得：

$$（丘吉尔的光子的波长）=0（等式 10）$$

再令等式 7 两边同乘以 640 纳米，可得：

$$640=0（等式 11）$$

将等式 10 与等式 11 相加，可得：

$$（丘吉尔的光子的波长）=640 纳米$$

这意味着这个光子，或丘吉尔先生辐射的其他光子，是橙色的。因此，温斯顿·丘吉尔是亮橙色的。

总的来说，我们从数学层面证明了，温斯顿·丘吉尔既没有手脚，也没有头，反而长了一簇叶状缨子，只剩一个锥形的上半身，并且他是亮橙色的。显然，温斯顿·丘吉尔是一个胡萝卜。（还有一个更简单的证明方法。等式 7 两边同时加上 1，可得：

$$2=1$$

温斯顿·丘吉尔和胡萝卜是两样完全不同的事物，因此，他们是同一件事物。不过这一种证明方法不够清晰直截。）

这个证明过程到底哪个环节出了差错呢？只有一个步骤存在纰漏——等式 4 推导至等式 5 的过程出了问题。我们令等式 4 两边同除以 $a-b$。但是，注意！因为 a 与 b 都等于 1，因此 $a-b=1-1=0$。我们做了除以 0 的运算，从而得出 $1=0$ 的荒谬结论。从 $1=0$ 出发，我们可以对宇宙间的所有观点予以证明，不管这些观点是正确的还是无理的。数学的整个框架就此崩塌。

如果运用不当，0 将有能力把逻辑的国度夷为平地。

附录 B
黄金比例

　　将一条线段一分为二，令较短部分与较长部分的比值等于较长部分与整条线段的比值。为简洁起见，我们假定较短部分的长度为 1 英尺。

　　若较短部分为 1 英尺，较长部分为 x 英尺，那么整条线段的长度为 $1+x$ 英尺。用代数表示较短部分与较长部分的比例关系，可得：

$$1/x$$

较长部分与整条线段的比例则为：

$$x/(1+x)$$

由于较短部分与较长部分的比值等于较长部分与整条线段的比值，那么可得等式：

$$x/(1+x)=1/x$$

解该方程所得的 x 的值，就是黄金比例。

　　第一步是令等式两边同乘以 x，可得：

$$x^2/(1+x)=1$$

再者，令等式两边同乘以 $(1+x)$，可得：

$$x^2=1+x$$

令等式两边同减去 $1+x$，可得：

$$x^2 - x - 1 = 0$$

解该二次方程可得两个解：

$$(1 + \sqrt{5})/2 \text{ 和 } (1 - \sqrt{5})/2$$

只有第一个解是正数（其数值约为 1.618），因而在古希腊人看来，只有这个解是有意义的。所以，黄金比例大约等于 1.618。

附录 C
导数的现代定义

如今，导数的逻辑基础业已十分严密，因为我们将它定义为极限。函数 $f(x)$ 的导数用 $f'(x)$ 表示，其形式定义为：

$$f'(x) = \lim_{\varepsilon \to 0} \frac{[f(x+\varepsilon) - f(x)]}{\varepsilon}$$

现在就来看看这个定义是如何摆脱牛顿耍的小花招的。还是采用阐述牛顿流数术时所用的例子：$f(x) = x^2+x+1$。该函数的导数为：

$$f'(x) = \lim_{\varepsilon \to 0} \frac{[(f+\varepsilon)^2 + x + \varepsilon + 1 - (x^2+x+1)]}{\varepsilon}$$

将式子展开可得：

$$f'(x) = \lim_{\varepsilon \to 0} \frac{[x^2 + 2\varepsilon x + \varepsilon^2 + x + \varepsilon + 1 - x^2 - x - 1]}{\varepsilon}$$

x^2 与 $-x^2$ 相抵消，x 与 $-x$ 相抵消，

1 与 -1 相抵消，可得：

$$f'(x) = \lim_{\varepsilon \to 0} \frac{[2x\varepsilon + \varepsilon^2]}{\varepsilon}$$

由于我们还未取极限，因此 ε 不为 0。将等式除以 ε，可得：

$$f'(x) = \lim_{\varepsilon \to 0} 2x + 1 + \varepsilon$$

现在取极限，令 ε 趋向 0，可得：

$$f'(x) = 2x + 1 + 0 = 2x + 1$$

而这就是我们所求的答案。

仅是思想上的一小步转变，就使世界发生了翻天覆地的变化。

康托尔列举有理数

为了说明有理数集与自然数集大小相等，康托尔所要做的就是想出一个绝妙的座位表。是的，他就是这么做的。

有理数是一个整数 a 和一个整数 b 的比，表示为 a/b（b 不为 0）。我们先从正有理数开始考虑。

假设有一网格状的数阵——两条数轴交会于 0，类似于笛卡儿坐标系，将 0 置于原点，网格上的每一点都对应一个有理数 x/y，x 对应 x 轴上的数值，y 对应 y 轴上的数值。由于数轴延伸至无穷，因此每一个正有理数 x/y 都能在网格上找到对应的点（见图 58）。

现在来为正有理数制作一个座位表。从 0 开始，为座位 1 号；然后移至 1/1，为座位 2 号；随后是 1/2，为座位 3 号；再接着移至 2/1，为座位 4 号；而后是 3/1，为座位 5 号。我们在网格上来回穿梭，逐个报数。产生的座位表为：

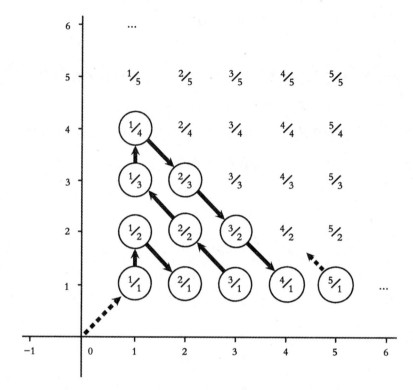

图 58：有理数的列举

座位	有理数
1	0
2	1
3	1/2
4	2
5	3
6	1
7	1/3
8	1/4

9   2/3

…   …

最后所有数字都有会对应的座位，事实上，有的还有两个座位。要移走重复的数字并不难，在制作座位表时将它们跳过即可。下一步是扩充座位表，在正有理数后增添其对应的负有理数。可得到如下座位表：

座位   有理数

1   0

2   1

3   −1

4   1/2

5   −1/2

6   2

7   −2

8   3

9   −3

…   …

现在所有的有理数，包括正有理数、负有理数和 0，都有了座位。没有人站着，也没有空着，这就意味着，有理数集的大小与自然数集的大小是相等的。

制作属于你自己的虫洞时光机

这并非难事，只需四个步骤便可做到。

步骤 1：建构一个虫洞，确保虫洞的两端位于时间上的同一点。

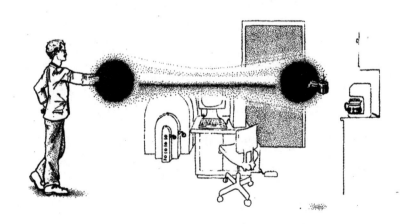

步骤 2：在虫洞的一端系上非常非常重的物体，另一端则与一艘速度为 9/10 光速的宇宙飞船相连，此时飞船上的 1 年相当于地球上的 2.3年，换言之，此时虫洞两端的时钟运转的速度并不一致。

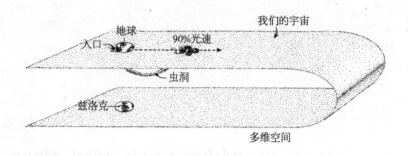

步骤 3：静待片刻。46 个地球年后，飞船会将虫洞带到一个友好的星球上。穿过虫洞，你将从地球上的 2046 年穿越到名为"兹洛克"的星球上的 2020 年，反之亦然。

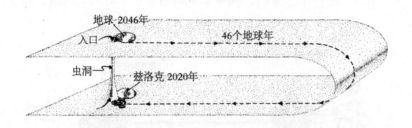

步骤 4：如果你足够聪明，你将会为这个计划提前做好准备。1974 年（兹洛克时间）时，你可以向兹洛克发送一条信息，安排一辆宇宙飞船从兹洛克返回地球，到了 2020 年（兹洛克时间），这艘飞船将抵达地球，此时地球上的时间是 1994 年。如果你同时穿过这两个虫洞，你将可以从 2046 年（地球时间）穿越至 2020 年（兹洛克时间），然后再穿越回 1994 年（地球时间）——你成功地进行了一次横跨半个多世纪的时空旅行！

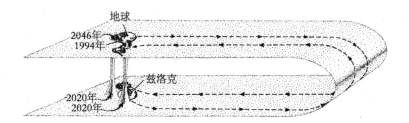